JN044241

研究に役立つ

JASPによる多変量解析

— 因子分析から構造方程式モデリングまで —

清水 優菜・山本 　光

【共著】

コロナ社

序　　文

　本書は，『研究に役立つ JASP によるデータ分析 ― 頻度論的統計とベイズ
統計を用いて ―』（ISBN：978-4-339-02903-1）の続編である。前著執筆時の
2019 年と比較して 2020 年は人類にとって大きな転換期であった。新型コロナ
ウイルスの感染拡大により世界中の人々の生活が激変した。ソーシャルディス
タンスが必要となり，仕事もオンライン化せざるを得なかった。その中でわれ
われは日々あらゆる情報を受け取ることになった。専門家からの数値データが
示され，さまざまな判断がなされてきた。ニュースに表れた数値について例を
あげれば，実行再生産数，偽陽性率，偽陰性率，感度，特異度などさまざまな
指標が示された。これらはまさにエビデンスに基づく判断に必要なデータで
あった。これからは，医療も経済もエビデンスに基づいて判断される時代とい
えよう。

　しかし，ここで注意が必要である。このエビデンスとは正解ではない。われ
われはデータが示されるとそれが重要であると考えるが，それと同時に問題解
決の正解が示されたと勘違いしてしまう。データが得られ，データ分析した結
果をもとに，どう行動するかを判断するのは人間である。これはデータ分析全
般にいえることで，正しくデータを取り，条件を示しながらデータ分析を実施
し，得られた結果を人間が判断するのである。そして，データ分析には限界も
あり，時代や場所などの条件により，データ分析の結果が変わってくる。した
がって，つねに批判的（複眼的）な態度で現象を見る必要がある。

　本書は，データ分析の手法の中でも多変量解析と呼ばれるものを紹介してい
る。多変量解析とは，文字の通り，複数の変数を対象としたデータ分析の手法
である。多変量解析は大きく分けると，複数のデータを分類・要約することと
複数のデータ間の因果関係を検討することである。また，最終的な目標として

は，複数の項目間の関係構造を明らかにすることである。本書で紹介する各手法の関係は，1章の図1.4を参照いただきたい。

本書では，まずデータ分析の基礎的な内容を確認する。多変量解析の全体像を理解するためには1章を読んでいただきたい。つぎに2章ではJASPにデータを読み込むための，データのハンドリングを知ることができる。ここで多変量解析の一つの柱であるデータの分類・要約の章に入る。3章では尺度を構成する探索的因子分析，4章では尺度の確認を行う確認的因子分析と続き，5章では作成した尺度の妥当性を検討する。6章では，変数を縮約（項目をまとめて数を減らすこと）を行う主成分分析を扱う。7章では，データの分類手法の一つであるクラスター分析を扱う。8章では，あるデータの影響を取り除いて複数の群について，その平均値の差の有無を求める。

つぎに多変量解析のもう一つの柱であるデータ間の因果関係を検討する。9章では，回帰分析の基礎と階層的重回帰分析を扱う。10章からは一般化線形モデルを扱う。はじめに，データが0と1のような2値のデータについてロジスティクス回帰分析を扱う。続いて11章では，複数の群を比較する際に用いられるマルチレベル分析を扱う。12章では，クロス集計表で表現された質的データに対して行う対数線形モデルを扱う。

最後は，変数間の構造を明らかにする内容である。13章では，構造方程式モデリングを扱う。14章では，変数間を媒介する変数の影響を検討することで，より正しい構造の解析が可能となる。

各章の流れは以上であるが，現代のデータ分析の世界は日々進歩しており，そのすべてを紙面に掲載することができなかった。ここに紹介した手法を一通り学んだ後は，さらなる専門書や研究論文などを読み，学びを進めていただきたい。また，専門用語の一部は十分な解説が掲載されていないため，各自調べながら読み進めていただきたい。JASPのメニューが英語であることから，各専門用語の英語表記と日本語表記を本書で学ぶことができるメリットを活かして，ぜひ英語の論文にもチャレンジしてほしい。なお，本文中の［　］はJASPのメニューを示している。またサンプルデータはコロナ社のWebサイト

（https://www.coronasha.co.jp/np/isbn/9784339029161/）からダウンロード
もできる。

　最後に，続編の出版の機会を与えていただいたコロナ社の皆様に感謝する。
また，執筆当時は博士課程の大学院生であった主著者の清水優菜の指導教員で
ある慶應義塾大学教職課程センターの鹿毛雅治教授のご支援に感謝する。ここ
に関係各位に感謝申し上げる。

　2021 年 4 月

清水　優菜・山本　　光

注 1)　本文中に記載している会社名，製品名は，それぞれ各社の商標または登録商標で
　　　す。本書では ® や TM は省略しています。
注 2)　本書に記載の情報，ソフトウェア，URL は 2021 年 4 月現在のものです。
注 3)　JASP Ver 0.15 以降は，メニューの日本語表示が利用できるようになりまし
　　　た。右の QR コードをご覧ください。

目　　　次

1. 多変量解析を俯瞰する

2. JASP でデータハンドリングする

3. 尺度を開発する

4. 既存の尺度・開発した尺度を確認する

5. テストや尺度の信頼性係数を求める

6. 変数を縮約する

7. データを分類する

8. あるデータの影響を取り除いて平均値を比較する

9. データを説明・予測する：階層的重回帰分析

10. 2値データを予測・説明する

11. マルチレベルデータを分析する

12. 質的変数の連関を検討する

13. 変数間の複雑な関連を検討する

14. 媒介する変数の影響を検討する

1. 多変量解析を俯瞰する

本書のテーマは JASP における「多変量解析」の使用法を説明し、読者がこれを使いこなせるようになることである。いきなり多変量解析の使用法を説明されたとしても、その基礎を習得していなければ、どのように分析すればいいのか、結果はなにを意味しているのかがわからなくなってしまう。そこで、本章では多変量解析の基礎を説明すると同時に、多変量解析のロードマップや具体例を提示したい。

キーワード：変量、代表値、散布度、共変動

●●● 1.1 多変量解析とは ●●●

そもそも、**変量**（variate）とは「なんらかのことについて数値化したもの」である。その値は、個体に応じて異なるため「変わる量」、つまり「変量」と呼ばれる。例えば、われわれの身長や体重といった物理的な量は変量といえる。そして、電話番号やマイナンバー、学籍番号といった ID、学校の試験や知能テストの結果といった人の能力も変量といえる。多変量解析とは、以上で示したような変量を複数扱い、目的に応じてそれらを分析するものである。

以下では、多変量解析の基礎となるデータの種類、代表値、散布度、共変動について説明する。

1.1.1 データの種類

多変量解析はその手法によって、分析できるデータの種類が決まっている。そのため、多変量解析を行う前にデータの種類とその特徴について把握する必要がある。

データの種類には、**名義**データ（nominal data）と**順序**データ（ordinal

data), **間隔**データ（interval data），**比率**データ（ratio data）がある。

〔**1**〕　**名義データ**　　性別や血液型，グループ名などカテゴリーを区別するために用いられるデータである。このように，カテゴリーが二つしかない名義データのことを**2値データ**（binary data）という。

名義データでは，男性を 0，女性を 1 とするように，便宜上数値を割り当てることがある。しかし，名義データは四則演算ができず，その順番も無意味である。例えば，男性を 0，女性を 1 などと割り当てて，平均値 0.5 を求めることは無意味である。

このように，名義データのカテゴリーに数値を割り当てたものを**ダミー変数**（dummy variable）という。ダミー変数を用いるときは，それぞれのカテゴリーに割り当てた数値を把握しなければ，結果の解釈ができなくなってしまう。

〔**2**〕　**順序データ**　　アンケートの段階評定によくある「よくする－する－しない」や○○ランキングの順位のように，データの順位や大小の関係を区別するために用いられるデータである。1 位＋2 位＝3 位とならないように，順序データは四則演算ができない。そのため，度数を数えることや最頻値によりデータの特徴を捉える必要がある。

〔**3**〕　**間隔データ**　　順序に加えて，順序の間隔が等しい（と仮定されている）データである。具体例として摂氏温度がある。摂氏温度が 10℃ から 20℃ に上がった場合と，5℃ から 15℃ に上がった場合はどちらとも 10℃ 上がったと考えることができる。しかし，5℃ から 15℃ に上がったとしても，「温度が 3 倍になった」とは考えない。このように，間隔データでは四則演算のうち足し算と引き算が可能である。

〔**4**〕　**比率データ**　　絶対的な原点（0 点）を有するデータである[†]。具体例として，長さや重さといった物理量がある。5 cm の 3 倍は 15 cm というように，順序データでは掛け算や割り算も可能になる。

以上四つのデータの種類の特徴と JASP での出力は**表 1.1** の通りである。な

[†]　摂氏温度は便宜上，水の凝固点を 0℃，沸点を 100℃ にし，その間隔を等分したものである。

表 1.1　データの種類の特徴と JASP での出力

データの種類	特　徴	具体例	JASP での出力
名義データ (nominal data)	カテゴリーに数値を割り当てる。四則演算不可。	性別， 学籍番号	Nominal
順序データ (ordinal data)	順序のみを表す。四則演算不可。	ランキングの順位	Ordinal
間隔データ (interval data)	等間隔である。足し算と引き算が可能。	摂氏温度	Scale
比例データ (ratio data)	絶対的な原点を有する。四則演算可能。	長さ，重さ，時間	Scale

お，社会科学でとりわけ用いられる段階評定のデータ（4 段階以上）は間隔データとして扱われることが多い[†]。

1.1.2　代　表　値

表 1.2 のようなフランチャイズ店舗の売上データが得られたとき，各店舗あるいは月の売り上げを眺めているだけでは，その店舗や月の傾向などは見えてこない。そこで，データの特徴を表す数値である**代表値**を求める。よく使われる代表値として，平均値と中央値，最頻値がある。

表 1.2　フランチャイズ店舗の売上データ
〔単位：万円〕

店舗	4 月	5 月	6 月
A	14	9	20
B	14	12	19
C	16	9	20
D	15	10	21
E	15	9	20
F	15	9	20

〔1〕　**平均値**　データの総和を個数で割った値を**平均値**（mean）といい，算術平均や加算平均とも呼ばれる。n 個のデータ $x_1, x_2, \cdots, x_n$ の平均値は

[†]　順序データも間隔データも分析結果からいえることはだいたい一致していること，および順序データとすると四則演算ができないことから段階評定のデータを間隔データとして扱うことが多い。

$$\bar{x} = \frac{1}{n}(x_1 + x_2 + \cdots + x_n) = \frac{1}{n}\sum_{i=1}^{n} x_i \tag{1.1}$$

となる。代表値として平均値のみに着目する人が多いが，平均値は**外れ値**（outlier）の影響を受けやすいことに留意されたい。

〔2〕 **中央値**　データを小さい（あるいは，大きい）順に並べたときに，ちょうど真ん中の順位にある値を**中央値**（median）という。データが偶数個の場合には真ん中の順位にある数は二つ存在するため

1）　その二つを中央値とする

2）　その二つの平均値を中央値とする

という考え方がある。

中央値は平均値よりも外れ値の影響を受けにくいため，必ず確認されたい。

〔3〕 **最頻値**　データの中で最も頻度が多い値を**最頻値**（mode）という。名義データや順序では重要な指標となる。

表1.2のデータについて，各月の代表値を算出すると**表1.3**のようになる。このデータでは，三つの代表値とも類似した値となっていることがわかる。

表1.3　売上データの代表値

	4月	5月	6月
平均値	14.83	9.67	20.00
中央値	15	9	20
最頻値	15	9	20

1.1.3 散　布　度

代表値はデータの特徴を表す数値であり，「データの中心がどのあたりであるか」ということを示している。一方で，「各月で売上がどのくらい散らばっているのか」のように，データのばらつき具合，すなわち**散布度**を知りたいことがある。このような場合には，散布度に関する指標を求める。

よく用いられる散布度の指標として，四分位数，偏差，分散，標準偏差がある。

〔1〕　**四分位数**　　データを小さい順に並べたとき，25％に位置する数を**第1四分位数**（25th percentile），中央値を**第2四分位数**（50th percentile），75％に位置する数を**第3四分位数**（75th percentile）という。これら三つを合わせて，**四分位数**（quartile）という。四分位数は，**図1.1**のような**箱ひげ図**（box plot）で表現されることが多い。

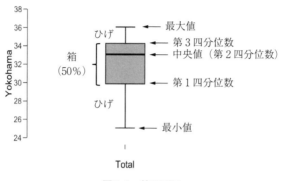

図1.1　箱ひげ図

〔2〕　**偏　差**　　各データから平均を引いた値を**偏差**（deviation）といい

$$x_i - \bar{x} \tag{1.2}$$

と表すことができる。なお，偏差の総和を求めると，つねに0となる。

〔3〕　**分　散**　　偏差の総和は0となるため，偏差の2乗の総和を散布度として用いる。偏差の2乗の総和はデータの個数に依存しているため，平均と同様にデータの個数で割る。これにより得られた値を**分散**（variance）といい

$$s^2 = \frac{1}{n}\{(x_1 - \bar{x})^2 + (x_2 - \bar{x})^2 + \cdots + (x_i - \bar{x})^2\} = \frac{1}{n}\sum_{i=1}^{n}(x_i - \bar{x})^2 \tag{1.3}$$

と表すことができる。

〔4〕　**標準偏差**　　分散の単位はもとのデータの2乗であり，解釈が難しい。そこで，分散の正の平方根を散布度の指標として用いる。この値を**標準偏差**（standard deviation：SD）といい

$$s = \sqrt{\frac{1}{n}\{(x_1 - \bar{x})^2 + (x_2 - \bar{x})^2 + \cdots + (x_i - \bar{x})^2\}} = \sqrt{\frac{1}{n}\sum_{i=1}^{n}(x_i - \bar{x})^2} \tag{1.4}$$

と表すことができる。

表 1.2 のデータについて，散布度を求めると**表 1.4** のようになる。5 月の標準偏差の値がほかよりも大きいことから，5 月の売上には相対的にばらつきがあることがわかる。

表 1.4 売上データの散布度

	4 月	**5 月**	**6 月**
分　散	0.57	1.47	0.40
標準偏差	0.75	1.21	0.63

1.1.4 共　変　動

代表値と散布度は一つのデータに着目したものである。しかし，「4 月から 6 月の売上はどのように関係しているか」のように，複数のデータの変動，すなわち**共変動**の程度を知りたいことがある。このような場合には，共変動に関する指標を求める。

よく用いられる共変動の指標として，共分散と相関係数がある。

〔1〕 **共分散**　二つの量的データの関係のことを相関関係という。相関関係は，**図 1.2** のように正の相関，負の相関，無相関に分けられる。それぞれは

正の相関：一方が増える（or 減る）と，他方は<u>直線的に増える</u>（or 減る）

負の相関：一方が増える（or 減る）と，他方は<u>直線的に減る</u>（or 増える）

無相関　：二つの変数に関係がない

ということを意味する。

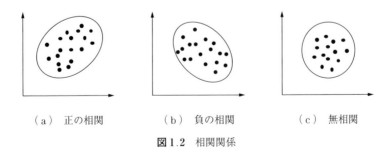

（a）　正の相関　　　　（b）　負の相関　　　　（c）　無相関

図 1.2　相関関係

ここで，二つの量的データ (x_i, y_i) $(i=1, 2, \cdots, N)$ について，x_i と y_i の偏差の積

$$(x_i - \bar{x})(y_i - \bar{y}) \tag{1.5}$$

の符号は図1.3のようになる。

（a） 偏差とその積の符号

		$x_i - \bar{x}$	$y_i - \bar{y}$	$(x_i - \bar{x})(y_i - \bar{y})$
Ⅰ	正の相関	+	+	+
Ⅱ	負の相関	+	−	−
Ⅲ	正の相関	−	−	+
Ⅳ	負の相関	−	+	−

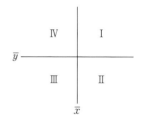

（b） 偏差の積とデータの配置

図1.3 相関関係の偏差の積の対応関係

図1.3から，相関関係の偏差の積の符号が一致する。全体的な傾向を把握するには，偏差の積の総和を求めてその符号を把握すればよい。偏差の積の総和をデータの個数で割った値を**共分散**（covariance）といい

$$s_{xy} = \frac{1}{n}\{(x_1 - \bar{x})(y_1 - \bar{y}) + \cdots + (x_n - \bar{x})(y_n - \bar{y})\}$$

$$= \frac{1}{n}\sum_{i=1}^{n}(x_i - \bar{x})(y_i - \bar{y}) \tag{1.6}$$

と表すことができる。

〔2〕 **相関係数** 共分散は単位が変わると（例：cm → m），その値が変わってしまう。そこで，共分散を x と y の標準偏差それぞれで割った値である**相関係数**（correlation coefficient）が共変動の指標として，よく用いられる。相関係数は，つぎの式で表される。

$$r_{xy} = \frac{s_{xy}}{s_x s_y} = \frac{\dfrac{1}{n}\sum_{i=1}^{n}(x_i - \bar{x})(y_i - \bar{y})}{\sqrt{\dfrac{1}{n}\sum_{i=1}^{n}(x_i - \bar{x})^2}\sqrt{\dfrac{1}{n}\sum_{i=1}^{n}(y_i - \bar{y})^2}} \tag{1.7}$$

共分散を x と y の標準偏差それぞれで割ることで，x と y の散らばりの影響が取り除かれ，単位に依存しない値となる。相関係数には

1) −1から+1までの値をとる。

2) 相関係数の符号が，正ならば正の相関，負ならば負の相関を示す。

3) 相関係数の絶対値が1に近いほど相関が強く，0に近いほど無相関となる。

4) 相関係数が1ならば二つのデータは1直線上に存在する。

5) 非直線の関係については言及できない。

という性質がある。また，数学における相関係数の基準として**表1.5**がある。ただし，この基準は「数学」におけるものであり，その大きさに関する判断は当該領域の理論や先行研究，メタ分析の結果などを参照されたい。

表1.5 相関係数の基準

目 安	相関係数の大きさ
強い相関	$\pm 0.7 \sim \pm 1.0$
中程度の相関	$\pm 0.4 \sim \pm 0.7$
弱い相関	$\pm 0.2 \sim \pm 0.4$
ほぼ相関なし	$0 \sim \pm 0.2$

ここまで多変量解析の基礎となる事柄について簡単に説明してきた。多変量解析とは，その名の通り「複数のデータ」を解析するものである。それゆえ，特に共分散や相関係数といった共変動に関する指標をもとにして，多変量解析が行われる。

●●● 1.2 多変量解析のロードマップ ●●●

多変量解析は，**図1.4**のように「複数のデータを分類・要約する手法」と「複数のデータ間の因果関係を検討する手法」に大別することができる[1],[2],†。本節では，本書で取り上げるこれらの手法について概観する。

---

† 肩付きの番号は巻末の引用・参考文献を示す。

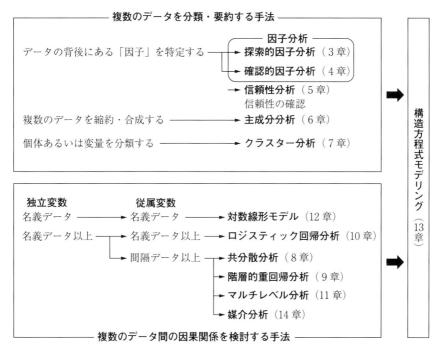

図1.4 多変量解析のロードマップ

1.2.1 複数のデータを分類・要約する手法

多変量解析の中で「複数のデータを分類・要約する手法」として，**因子分析**，**主成分分析**，**クラスター分析**がある。

因子分析とは，複数のデータの共変動をもとにして，それらのデータを共通して説明するような「因子」の存在を検討する手法である。因子分析には**探索的因子分析**，**確認的因子分析**の2種類がある。その名の通り，因子を探索的に検討するのが探索的因子分析であり，先行研究や理論をもとにして因子を確認するのが確認的因子分析である。

因子分析は特に，なんらかの尺度を開発する際に用いられる。例えば，「あざとさ」を尋ねる質問項目を作成し，因子分析によりあざとさ因子を導出するということがあげられる。

主成分分析とは，複数のデータの共変動をもとにして，それらのデータを縮約する手法である。具体例として，身長〔m²〕と体重〔kg〕を縮約し，肥満度の指標（BMI：body mass index）を算出することがあげられる。

クラスター分析とは，個体あるいは変量間の類似度をもとにして，データを分類する手法である。例えば，期末試験の各教科の成績をもとにして，学生を分類する際にクラスター分析が用いられる。なお，ほかの手法と異なり，クラスター分析では必ずしも共変動によるものではない。

1.2.2　複数のデータ間の因果関係を検討する手法

多変量解析の中で「複数のデータ間の因果関係を検討する手法」として，対数線形モデルやロジスティック回帰分析，共分散分析，階層的重回帰分析，マルチレベル分析，媒介分析がある。これらの手法はすべて，共変動に基づく分析である。

因果関係において原因となる，すなわち「予測・説明する側の変数」のことを**独立変数**（independent variable）という。対して結果となる，すなわち「予測・説明される側の変数」のことを**従属変数**（dependent variable）という。一般的に，独立変数が従属変数に及ぼす影響を検討する分析を**回帰分析**（regression analysis）という。この独立変数と従属変数のデータの種類，ならびに分析の目的により用いる手法が異なる。

対数線形モデルとは，独立変数と従属変数がともに名義データの場合に因果関係を検討する手法である。例えば，性別を独立変数，習い事の種類を従属変数として対数線形モデルを行うと，性別が習い事の種類に及ぼす影響を明らかにすることができる。

ロジスティック回帰分析とは，特に従属変数が名義データの場合に用いられる回帰分析である。例えば，週の運動状況や喫煙状況を独立変数，新型ウイルスの罹患状況（1：罹患，0：無罹患）を従属変数としたロジスティック回帰分析を行うことで，週の運動状況や喫煙状況が新型ウイルスの罹患に及ぼす影響を明らかにできる。

　共分散分析とは，ある変数の影響を統制したうえで行う分散分析のことである。つまり，ある変数の影響を取り除いたうえで，グループ間で平均値が異なるかということを検討することができる。この影響を取り除いた変数のことを**共変量**（covariate）という。例えば，週の運動時間を共変量，異なるダイエット法 A から C を独立変数，ダイエット法終了後の体重を従属変数として共分散分析を行うことで，「週の運動時間」の影響を取り除いたダイエット法の効果を明らかにできる。

　階層的回帰分析とは，段階に分けて回帰分析を行うことで独立変数の影響力，ならびに独立変数間の組合せの効果（**交互作用**）を明らかにする手法である。例えば，学習意欲と不安を独立変数，成績を従属変数とした階層的重回帰分析を行うことで，学習意欲と不安が成績に及ぼす影響力の大きさ，ならびに「意欲が高い場合には不安は成績に与しない」というような組合せの効果を明らかにできる。

　マルチレベル分析とは，ある集団に属する人を対象に調査を行うときに，属する集団の影響を踏まえたうえで，独立変数と従属変数の関連を明らかにする手法である。複数の学校や会社を対象としたデータを分析する場合には，マルチレベル分析を用いなければ，得られた結果が属する集団による効果なのか，個人に依存するものなのか定かではない。

　以上の分析は，独立変数と従属変数の直接的な関連を検討するものである。しかし，独立変数がほかの変数を媒介して，従属変数に影響を与えるという因果関係のプロセスも考えられる。このように，ある変数を媒介して独立変数が従属変数に及ぼす影響を検討する手法が媒介分析である。例えば，真面目な性格によって勉強時間が増加することで，成績が良くなるというような因果関係のプロセスは媒介分析により明らかにできる。

　「複数のデータを分類・要約する手法」と「複数のデータ間の因果関係を検討する手法」の両方を統合した手法として，構造方程式モデリングがある。構造方程式モデリングは，複数のデータを分類・要約したうえで，それらの因果関係を検討することを同時に行うことができる分析であり，なんらかの「理論

モデル」を導出する際に有用な手法である。なお，クラスター分析以外の手法は，構造方程式モデリングにより置き換えて実行することもできる。

　以上で示した多変量解析の手法について，3章からより詳細な説明と JASP での実行方法を説明する。2章では，多変量解析の手法を説明する前に JASP でのデータの整形について説明する。多変量解析では，データの整形が頻繁に行われるため，JASP での操作法に馴染みがない読者は参照するとよいだろう。

　また，以下では多変量解析の結果を示す際に必ず出てくる p 値と効果量などについて補足する。3章からの説明はこれらを把握している前提で説明しているため，馴染みのない読者は参照されたい。

●●● 補足 : p 値と効果量について ●●●

　多変量解析で推定された値は，**統計的仮説検定**（statistical hypothesis testing）の枠組みで評価される。統計的仮説検定は**図 1.5** の手順で行われる。

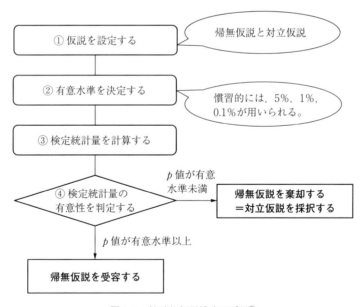

図 1.5　統計的仮説検定の手順[3]

　まず，**帰無仮説**（null hypothesis：H_0）と**対立仮説**（alternative hypothesis：H_1）と呼ばれる二つの仮説を立てる。帰無仮説とは，平均値に差がないや相関係数が 0 であるといった，否定されてほしい，つまり「無に帰したい」仮説のことである。一方，対立仮説とは，帰無仮説とは相反する，つまり肯定されてほしい仮説のことである。分析法により帰無仮説と対立仮説は決まっているので，分析の前にそれぞれを確認することが望ましい。

　二つの仮説を立てたうえで，誤って対立仮説が正しいと判断してしまう確率の上限値である**有意水準**（level of significance）を設定する。慣習的に，有意水準は 5％，1％，0.1％に設定されることが多い。

　有意水準を決定した後に，検定するためにつくり出した検定統計量を求める。

　つぎに，帰無仮説が正しいときに検定統計量が生じる確率である ***p* 値**（p-value）を求める。p 値が小さければ，「そもそも帰無仮説という前提が間違っていた」と考え，「帰無仮説ではなくて対立仮説を採択する」のである。この p 値の大きさの基準となるのは有意水準未満であるかである。p 値が有意水準未満であれば対立仮説を採択し，このことを「統計的に有意である」と表現する。

　注意されたいのは，**あくまで *p* 値は「帰無仮説が正しいときに検定統計量が生じる確率」であり，効果の大きさや結果の重要性を示すものではないこと**である。効果の大きさや結果の重要性を把握したいのであれば，p 値ではなく**効果量**（effect size）に着目する必要がある。効果量は分析によって用いる指標が決まっているため，分析ごとに確認するとよいだろう。

　p 値について，その誤用が多いことから，近年では**信頼区間**（confidence interval：CI）を報告することが推奨されている。信頼区間とは「設定した確率のもとでパラメータを含む区間」のことであり，慣習的に 95％や 99％，99.9％と設定されることが多い。

　例えば，95％信頼区間とは「信頼区間に関する推定を繰り返すと，そのうち 95％はパラメータを含む区間」といえる（**図 1.6**）。決して，95％信頼区間は

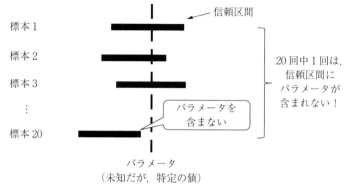

図1.6 95％信頼区間のイメージ[3]

「その区間にパラメータがある確率が95％である」ことを表していないので，注意されたい。

　なお，ある検定の結果が5％有意であれば，95％信頼区間に0が含まれない。そのため，信頼区間を提示すれば，必ずしもp値を報告しなくてもよい。

2. JASPでデータ ハンドリングする

　多変量解析を行う前に，多変量データとはどのようなものであるか理解する必要がある。さらに，多変量データを目的に応じた形に整形する技術，すなわちデータハンドリングがなければ方法を知っていたとしても，分析できない。本章では，多変量解析の具体的な方法を説明する前に，多変量データの特徴とデータハンドリングについて説明する。

　キーワード：整然データ，データハンドリング

●●● 2.1　多変量データの特徴 ●●●

　多変量データは複数の変数に関するデータのことである。一般的に，多変量データは**図2.1**のように表（table）でまとめることが多い。このような表を**行列**（matrix）という。通常，表の各**行**（row）を観測対象，各**列**（column）を変数とする。とくに，1列目にはID番号を振ることが多い。

　図2.1のようにデータをIDに紐づけて行列を作成すれば，多変量解析がで

▼	ID	sex	juku	Math	English	Japanese
1	1	m	yes	10	8	7
2	2	f	no	10	9	7
3	3	f	no	9		9
4	4	f	yes	10	9	8
5	5	f	yes	10	8	8
6	6	f	no	10	8	7
7	7	m	no	9	9	
8	8	m	no	10	9	6
9	9	m	yes	6	6	8
10	10	m	yes	9	9	10

図2.1　多変量データ

きるわけではない。多変量解析を行うには，多変量データを**整然データ**[†]（tidy data）に整形しなければならない。整然データは，つぎの四つの特徴を満たすデータと定義される[1]。

　　1）　一つの値が一つのセルに入っている。

　　2）　一つの変数のデータが1列に入っている。

　　3）　1人・個体・観測のデータが1行に入っている。

　　4）　1）から3）によって，一つの表ができる。

　ここからは具体例をもとに，どのようなデータが整然データかを説明する。まず，**表2.1**(a)は整然データであるが，表(b)は一つのセルに二つの数値が入っているため整然データではない。

表2.1　整然データの事例（1）

（a）　整然データである　　　　　（b）　整然データではない

ID	月	お小遣い
なおし	4月	100円
たつや	3月	20円

ID	月	お小遣い
なおし	4月，5月	100円
たつや	3月	20円

　つぎに，**表2.2**(a)は整然データであるが，表(b)は整然データではない。表(b)はIDが列に収められているものの，月とお小遣いは行に収められている。表(a)のように1回の観測による値が1行に収まっていないため，表(b)は整然データではないと判断できる（**表2.3**）。

　注意すべきは，整然データは多変量解析をはじめとした統計解析に有効であるものの，人に伝わりやすい形とはいえないことである。表2.2のように，整然データである表(a)よりも，表(b)のほうが月ごとのお小遣いの変化がわかりやすいだろう。しかし，多変量解析をするためには，データをわかりやすい形から分析しやすい整然データにすることを意識しなければならない。

　[†]　整然データではないデータのことを**雑然データ**（messy data）という。

表2.2 整然データの事例（2）

（a）　整然データである

ID	月	お小遣い
なおし	4 月	100 円
たつや	4 月	20 円
なおし	5 月	50 円
たつや	5 月	10 円
なおし	6 月	400 円
たつや	6 月	5 円

（b）　整然データではない

月

ID	4 月	5 月	6 月
なおし	100 円	50 円	400 円
たつや	20 円	10 円	5 円

ID　　　　　　　お小遣い

表2.3 整然データではない根拠

ID	4 月	5 月	6 月
なおし	100 円	50 円	400 円
たつや	20 円	10 円	5 円

1 回の観測！

●●● 2.2　データハンドリング ●●●

本節では，多変量解析に必要なデータを整形するうえでよく用いられる**データハンドリング**について説明する。ここから示すデータハンドリングは，JASP のみならず Excel や R，Pandas などを用いて行うこともできるため，使い勝手の良いものを用いるといいだろう。

2.2.1　データの読み込み

データハンドリングの前に，JASP でデータを読み込む方法を説明する。データを読み込むには，**図2.2**で示した矢印の箇所をクリックする。すると，**図2.3**のような画面が出力され，ファイルの読み込み先を選択できる。

ファイルの読み込み先として，つぎの四つがある。

- Recent Files：最近開いたファイル。
- Computer：コンピュータ内。[Browse] からファイルの保存先を選択する。
- OSF：Open Science Framework で公開されている無料の公開データ集。

図2.2　JASP の起動画面

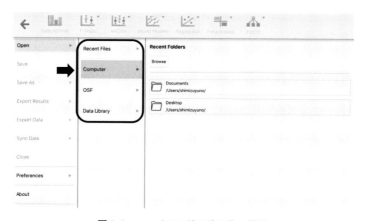

図2.3　ファイルの読み込み先の選択

- Data Library：JASP に内蔵されているデータ集。多変量解析の練習に用いる
  とよい。

　JASP では，つぎのファイル形式を読み込むことができる。

- .csv：カンマ区切りのデータファイル。

- .txt：テキストファイル。Excel で .txt 形式で保存されたファイルも可。

- .sav：IBM SPSS のデータファイル形式。

- .ods：open document spredsheet 形式。

先に示した手順に従い，「2章データ.csv」†を読み込むと，図2.1が出力される。

2.2.2　データの種類の変更

表1.1にある「JASPでの出力」のマークをクリックする。すると，**図2.4**のようにデータの水準を変更できる。

▼	ID	sex	juku	Math	English	Japanese	✚
1	1	m	yes	Scale	8	7	
2	2	f	no	Ordinal 9		7	
3	3	f	no	Nominal 9		9	
4	4	f	yes	10	9	8	
5	5	f	yes	10	8	9	
6	6	f	no	10	9	7	
7	7	m	no	9	9		
8	8	m	no	10	9	6	
9	9	m	yes	6	6	8	
10	10	m	yes	9	9	10	

図2.4　データの種類の変更

2.2.3　データの作成

新たなデータを作成する場合には，図2.4にある✚をクリックすると**図2.5**が出力される。

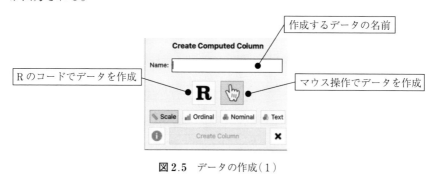

図2.5　データの作成（1）

---

† サンプルデータはコロナ社のWebサイト（https://www.coronasha.co.jp/np/isbn/9784339029161/）からダウンロードできる。

データの名前と作成方法，種類を選択したうえで，［Create Column］をクリックすると，**図2.6** が出力される。

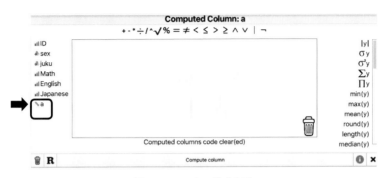

図2.6　データの作成（2）

〔1〕　**基本的な演算**　　基本的な演算によりデータを作成する場合は，**表2.4** のように入力し，［Compute column］をクリックする。

表2.4　基本的な演算の入力

演　算	表　記	例
足し算	＋	＼Math ＋ ＼English
引き算	－	＼Math － ＼English
掛け算	＊	＼Math ＊ ＼English
割り算	÷ or /	＼Math / ＼English
べき乗	＾	＼Math ＾2
平方根	√	√＼Math

> 基本的な演算は＼で入力する。
> つまり間隔データか比率データでしか行えない！

〔2〕　**データの変換**　　対数変換や指数変換をしたデータを作成する場合は，**表2.5** のように入力し，［Compute column］をクリックする。

表2.5　よく用いるデータの変換

演　算	表　記	例
対数変換（自然対数）	$\log(y)$	log(＼Math)
対数変換（底が b の対数）	$\log b(y)$	logb(＼Math，3)[注]
指数変換	$\exp(y)$	exp(＼Math)
フィッシャーの z 変換	fish $Z(y)$	fishZ(＼Math)

注）　底が3の対数

〔**3**〕　**平均得点**　　例えば，Math と English，Japanese の平均得点を求める場合は

> ((✎Math **+** ✎English) **+** ✎Japanese) **/ 3**

あるいは

$$\frac{(✎Math \textbf{ + } ✎English) \textbf{ + } ✎Japanese}{3}$$

のように入力し，〔Compute column〕をクリックする。

〔**4**〕　**カテゴリーの作成**　　新たにカテゴリーを作る場合は ifElse(y) を用いる。ifElse(y) は

> ifElse（条件，条件を満たすときの結果，条件を満たさないときの結果）
>
> $$(2.1)$$

と記述する。例えば，Math が平均点以上の人を H，平均点以下の人を L とするには

> ifElse(✎Math **≥** mean(✎Math),H,L)

と入力し，〔Compute column〕をクリックする[†]。

　三つ以上のグループをつくる場合も説明する。例えば，Math が「平均点＋標準偏差」以上の人を H，「平均点−標準偏差」以下の人を L，それ以外の人を M とするには

ifElse(✎Math **≥** (mean(✎Math) **+** σ ✎Math),H,ifElse(✎Math **≤** (mean(✎Math) **-** σ ✎Math),L,M))

と入力し，〔Compute column〕をクリックする。

2.2.4　欠損値の処理

　なんらかの理由で欠如した値を**欠損値**（missing data）という。図 2.1 や図 2.4 のように，JASP では空白のセルが欠損値を示す。

　欠損値の処理は削除する方法と補完する方法がある。削除する方法には

● **リストワイズ削除**：欠損値がある行をすべて削除する方法

[†]　mean(y) は y の平均値を求める記述である。また，σy は y の標準偏差を求める記述である。

● **ペアワイズ削除**：ある値が欠損した特定の行のみを削除する方法

がある。JASP では分析ごとにリストワイズ削除とペアワイズ削除を選択でき
るので，その処理法は個人の判断に委ねられる。

　欠損値を補完する方法にはさまざまな方法があるが[†1]，JASP では replaceNA
(y) を用いて，欠損に平均値を代入する方法や中央値を代入する方法を実行で
きる。replaceNA(y) は

　　　　replace（対象とするデータ，欠損値に代入する値）　　　　　　(2.2)

のように記述する。欠損値を補完する場合は，**表 2.6** のように入力し，
[Compute column] をクリックする[†2]。

表 2.6　欠損値の補完方法

方　法	例
平均値を代入	replaceNA(＼Japanese ,mean(＼Japanese))
中央値を代入	replaceNA(＼Japanese ,median(＼Japanese))

2.2.5　反転項目の処理

　段階評定データの場合，「1：そう思わない～5：そう思う」のように，数値
が大きいほど肯定的な回答のことが多い。しかし，すべての段階評定がこのパ
ターンでは，デタラメな回答をする人がいる。そこで，数値が大きいほど否定
的な回答となるような項目を設けることがある。このような項目を**反転項目**あ
るいは**逆転項目**という[†3]。

　5 段階評定データの逆転項目を処理する場合は

　　　　6－（逆転項目のデータ）　　　　　　　　　　　　　　　　　(2.3)

を入力し，[Compute column] をクリックする[†4]。

---

† 1　興味がある人は，高井ほか[2]を参照されたい。
† 2　meadian(y) は y の中央値を求める記述である。
† 3　反転項目の（可能性がある）項目は，因子分析や信頼性分析から導出できる。
† 4　n 段階評定データの逆転項目を処理する場合は，$(n+1)$－（逆転項目のデータ）と入
　　力すればよい。

2.2.6 条件を満たすデータの抽出

条件を満たすデータを抽出する場合は，図2.1や図2.4にある ▼ をクリックする。すると，**図2.7**が出力される。

図2.7 条件を満たすデータの抽出

例えば，性別が女性（sex＝f）のデータを抽出する場合は🔵 **sex ＝ f** と入力し，［Filter applied］をクリックする。すると，データが**図2.8**のようになる。このまま分析を行うと，女性のみのデータについての結果を得ることができる。なお，条件を外す場合には，🗑 をダブルクリックする。

▼	📶 ID	🔵 sex ▼	🔵 juku	✏ Math	✏ English	✏ Japanese	✚
1	1	m	yes	10	8	7	
2	2	f	no	10	9	7	
3	3	f	no	9		9	
4	4	f	yes	10	9	8	
5	5	f	yes	10	8	8	
6	6	f	no	10	9	7	
7	7	m	no	9	9		
8	8	m	no	10	9	9	
9	9	m	yes	6	6	8	
10	10	m	yes	9	9	10	

図2.8 抽出されたデータ

また，**表2.7**のように入力し，［Filter applied］をクリックすると，複数の条件を満たしたデータを抽出できる。

表 2.7　複雑な条件を満たしたデータの抽出

条　件	例
塾に通っている女性 （女性かつ塾に通っている[注1)]）	(🔷 sex ＝ f) ∧ (🔷 juku ＝ yes)
Math が 10 点あるいは Japanese が 10 点の人[注2)]	(🔷 Math ＝ 10) ∨ (🔷 Japanese ＝ 10)

注1)　「かつ（and)」の意味。
注2)　「または（or)」の意味。

─── 章 末 問 題 ───

【1】　表 2.8 のデータを整然データに直せ。

表 2.8

ID	1 週目	2 週目	3 週目
A	43.0 kg	42.5 kg	41.9 kg
B	100.5 kg	101.0 kg	99.9 kg
C	76.0 kg	72.0 kg	75.5 kg

【2】　本章で取り上げた以外の名義データ，順序データ，間隔データ，比率データの例をあげよ。

【3】　「2 章データ.csv」について

（1）　Math の 2 乗のデータを作成せよ。

（2）　塾に通っている男性の English の平均点と標準偏差を求めよ。

（3）　Math，English，Japanese のすべての点数が平均点以上の人とそうではない人をカテゴリーに分けよ。

3. 尺度を開発する

　質問紙を用いた尺度開発では，質問項目間の共変動を用いて，質問項目の背後に潜む（であろう）構成概念を見つけようとする。この構成概念を探る手法の一つが因子分析と呼ばれる分析手法である。因子分析は，その用途により**探索的因子分析**と**確認的因子分析**に大別される。本章では探索的因子分析について説明し，その説明を踏まえ 4 章にて確認的因子分析を扱う。

　キーワード：因子分析，因子，潜在変数，観測変数，因子負荷量，独自性，共通性，因子寄与，因子寄与率，因子間相関

●●● 3.1　因子分析とは ●●●

　なんらかの場面において，「あの子はあざとい」と思ったことのある人がいたとしよう。例えば，「こんなこと〜にしかいわないよ」という言葉，下唇を噛む仕草，袖口の長いカーディガンなどから，「あざとさ」と感じる（た）人がいるかもしれない。ここで重要なことは，以上のような具体的な言葉・仕草・服装などを通じて，「あざとさ」という直接的には観測されない潜在的な変数（**潜在変数**：latent variable）を測っているのである[†]。なお，潜在変数は**因子**（factor）とも呼ばれる。

　この「あざとさ」の例のように，具体的な行動，あるいは質問項目への回答を通して観測された変数（**観測変数**：observed variable）をもとにして，その背後にある（であろう）潜在変数を探る分析手法を**因子分析**（factor analysis）という。「あざとさ」の場合における因子分析は**図 3.1**のように表せる。

　[†]　「誠実さ」や「優しさ」といった性格，「論理的思考力」「学習意欲」なども直接的には観測されない潜在変数の例としてあげられる。

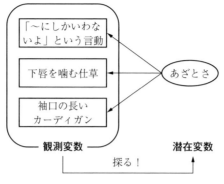

図3.1　因子分析のイメージ（1）

図3.1にある矢印の意味について，「A → B」は「A は B に影響を与える」ことを意味する。そのため，因子分析は（「下唇を噛む仕草」という）観測変数が（「あざとさ」という）潜在変数から受ける影響を探る手法といえる。

3.1.1　因子分析の構造

図3.1の観測変数に，「愛嬌がある」「人によって変わらない態度」「だれとでも仲が良い」を加えて測定し，因子分析をしたとする。このとき，得られる結果のイメージは**図3.2**のように表せる。

項目 I1 から I3 の間，I4 から I6 の間にそれぞれ強い相関が認められたため，前者を説明する因子として「あざとさ」，後者を説明する因子として「かわいさ」を想定したものである。また，図3.2にある矢印について，実線は強い影響を，破線は弱い影響を意味している。この影響の強さを数値化したものを**因子負荷量**（factor loading）という。

項目 I4 から I6 は，「かわいさ」からの影響が大きいものの，「あざとさ」からもわずかな影響を受けている。このように，いくつかの観測変数に影響する因子のことを**共通因子**（common factor）という。図3.2の場合では，「あざとさ」と「かわいさ」が共通因子ということになる。

共通因子は観測変数の分散を説明する。その説明される部分を**共通分散**（common variance），共通分散の値を**共通性**（communality）という。

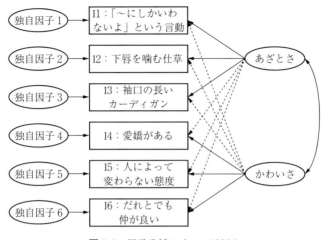

図 3.2 因子分析のイメージ（2）

さらに，共通分散により説明されない観測変数の分散がそれぞれの観測変数に影響を与える**独自因子**（unique factor）に説明されると考える†。独自因子により説明される分散を**独自分散**（unique variance），独自分散の値を**独自性**（uniqueness）という。独自性と共通性の間には，つぎの関係式が成り立つ。

$$（独自性）＝1－（共通性） \tag{3.1}$$

因子分析において，共通因子が観測変数を説明する大きさのことを**因子寄与**（variance explained）といい，これを割合にしたものを**因子寄与率**（proportion of variance explained）という。例えば，図 3.2 で「あざとさ」の因子寄与率が 65% であることは，「あざとさにより観測変数全体の 65% を説明できる」ことを意味している。そして，各共通因子の因子寄与率を順に足していったものを**累積因子寄与率**（cumulative proportion of variance explained）という。

また，「あざとさ」と「かわいさ」は両矢印で結ばれている。これは，二つの共通因子間に相関関係を認めていることを意味する。このような共通因子間の相関を**因子間相関**（factor correlation）という。

ここで，探索的因子分析について，数式により簡単に説明する。観測変数を

---

† すなわち，因子分析では「誤差」のことを「独自因子」と呼ぶ。

V_i として，因子 F_k から V_i に対する因子負荷量を a_{ik}，V_i の独自因子を e_i とすると，因子分析のモデル式は

$$V_1 = a_{11}F_1 + a_{12}F_2 + \cdots + a_{1q}F_q + e_1$$
$$V_2 = a_{21}F_1 + a_{22}F_2 + \cdots + a_{1q}F_q + e_2$$
$$\vdots$$
$$V_p = a_{p1}F_1 + a_{p2}F_2 + \cdots + a_{pq}F_q + e_p$$

となる。このように，因子分析では各観測変数について，共通因子からの影響である因子負荷量と独自因子を推定する[†1]。

3.1.2 探索的因子分析と確認的因子分析

そもそも，因子分析はその用途により**探索的因子分析**（exploratory factor analysis：**EFA**）と**確認的因子分析**（confirmatory factor analysis：**CFA**）に分けられる。以下では，それぞれについて簡単に説明する。

〔1〕**探索的因子分析**　　先行研究から共通因子やその数などが定かではなく，測定した観測変数間の共変動をもとにして，探索的に共通因子を探る方法である[†2]。データ主導型の因子分析と考えることができる。

〔2〕**確認的因子分析**　　先行研究の知見や理論をもとにして，共通因子と観測変数との関係をモデル化し，そのモデルが得られた観測変数間の共変動に一致するかを確認する方法である。モデル主導型の因子分析と考えることができる。

以下では，二つの因子分析のうち，探索的因子分析の手順と JASP での実行方法について説明する。

3.1.3 探索的因子分析の手順

探索的因子分析は，つぎの〔1〕から〔7〕の手順で行われる。

---

†1　詳細な因子分析の数理については，市川[1] や柳井ほか[2] を参照されたい。
†2　このように書くと，一切先行研究にあたらなくてもいいと考える人がいるだろう。しかし，そのようなことはなく，どのようなことを測定しようとしているのか，それに対して観測変数の項目は適当かなどを先行研究をもとに吟味する必要がある。

〔1〕 **観測変数の確認** 観測変数が探索的因子分析を行うのに適切である
のかを確認する。JASP で用いることができるものとして，**KMO の測度**（Kaiser-
Meyer-Olkin measure of sampling adequacy）[†1] と **Bartlett の 球 面 性 検 定**
（Bartlett's test of sphericity）がある。どちらとも，観測変数間の相関関係は共
通因子を抽出するかを検討するものである。

KMO の測度は 0 から 1 の範囲で値を取り，1 に近づくほど良好なものと考
える。この測度の目安は，**表 3.1** のようになる。KMO の測度が低いものにつ
いては，除外するとよい。また，Bartlett の球面性検定は，「観測変数間が無
相関である」という帰無仮説を検定するものである。それゆえ，帰無仮説が棄
却されることが望ましい。

表 3.1 KMO の測度の目安[3]

目 安	大きさ
優 秀	.90 以上
非常に良い	.80～.90
良 い	.70～.80
中程度	.50～.70
不十分	.50 未満

〔2〕 **因子数の決定** 探索的因子分析では，共通因子がいくつあるかを決
める必要がある。因子数を決定する方法にはさまざまな方法があるが[†2]，
JASP では**固有値**（eigenvalues）と**スクリープロット**（scree plot），**平行分析**
（parallel analysis）に基づく方法を用いることができる。

固有値とは因子寄与の度合いの指標であり，値が大きいほど因子寄与が大き
いと考える。固有値に基づく因子数の決定法は，「固有値 1 以上の数を因子数
とする」ものである。この方法は，カイザー基準とも呼ばれる。

スクリープロットとは，**図 3.3** のように固有値をプロットした図のことであ

---

†1 「KMO の標本妥当性の測度」と訳されることが多い。しかし，"measure of sampling
   adequacy" を訳せば「サンプリングの適切性測度」であること，5 章にある「妥当性」
   概念との混同を避けるため，単に「KMO の測度」とした。
†2 詳しくは，堀[4] を参照されたい。

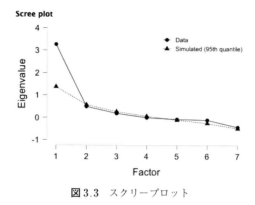

図 3.3　スクリープロット

る。スクリープロットに基づく因子数の決定法は，「固有値の落ち込みが激し
いところまでの因子数を採用する」ものである。図 3.3 では，スクリープロッ
トに基づくと 1 因子と判断できる。

　平行分析は，もとのデータと同じ変数とサンプルの数の正規乱数行列の固有
値を算出し，もとのデータの固有値と比較する方法である。平行分析に基づく
因子数の決定法は，「もとのデータの固有値より正規乱数行列の固有値のほう
が大きくなる前までの因子数を採用する」ものである。JASP では，図 3.3 に
ある▲は正規乱数行列の固有値，破線はその推移を示すものである。この場合
では，1 因子と判断できる。

　固有値に基づき因子数を決定する研究が多いが，複数の方法から因子数を検
討し，得られた因子の解釈可能性を吟味することが望ましい。

〔3〕　**因子負荷量の推定**　　　　因子数を決定した後に，因子負荷量を推定す
る。JASP で用いることができる推定法とその特徴を**表 3.2** に記す。表 3.2 に
あるように，因子負荷量の推定法として最尤法がよく用いられている。サンプ
ルサイズが大きい場合，最尤法は多変量正規分布からの乖離にある程度頑健で
ある。そのため，サンプルサイズが大きい場合や観測変数が多変量正規分布に
従っている場合は，最尤法を用いるとよい。これ以外の場合，あるいは不適解
が得られる場合[†]には，JASP のデフォルトであるミンレス法や最小 2 乗法を

---

†　共通性が 1.0 を超えてしまう場合。Heywood ケースともいう。

表3.2 JASP で用いることができる因子負荷量の推定法[3),5),6)]

方　法	特　徴
ミンレス法 （minimum residual）	JASP でデフォルトの推定法。最尤法と類似した結果を出す。不適解が得られにくい。
最尤法 （maximum likelihood）	よく用いられる推定法。モデルの評価と比較が可能。多変量正規分布に従っていると仮定。
主因子法 （principal axis factoring）	従来よく用いられていた方法。最尤法や最小2乗法より不適解が得られにくい。
最小2乗法 （ordinary least squares）	分布を仮定しない推定法。観測変数が著しく正規分布から外れる場合に用いるとよい。
重み付けされた最小2乗法 （weighted least squares）	観測変数の独自因子に重み付けをした最小2乗法。
一般化された最小2乗法 （generalized least squares）	尺度の単位に影響されないようにした最小2乗法。
最小カイ2乗法 （minimum chi-square）	missing completely at random（MCAR）なデータ[注)] を因子分析するために開発された方法。
最小ランク法 （minimum rank）	残差行列が半正定値のままであるような因子を抽出しようとする方法。

注）　欠損値が完全にランダムに生じているようなデータである。

用いるとよい。

〔4〕　**回転法の決定（因子数が二つ以上のとき）**　　図3.2の例について，因子負荷量を散布図に表すと**図3.4**になったとしよう。このとき，各観測変数が因子1（あざとさ）の軸の上下に位置しているため，このままでは解釈が難しい。そもそも，因子を解釈するうえで，各観測変数が一つの因子からのみ高い因子負荷を受け，ほかの因子からの影響は0に近いという**単純構造**（simple

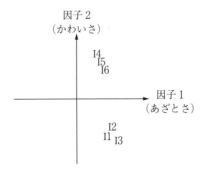

図3.4　回転なしの因子軸

structure）が得られると考えやすい。そこで，因子分析では因子軸を**回転**（rotation）させて，単純構造を得ようとする。

　回転法には**直交回転**（orthogonal rotation）と**斜交回転**（oblique rotation）があり，それぞれについていくつかの方法がある。この二つの回転の差異について，直交回転は「因子間相関が0である」，つまり因子軸が直交することを仮定する。対して，斜交回転は「因子間相関がある」，つまり因子軸が斜交することを仮定する。図3.4を直交回転および斜交回転させたイメージを**図3.5**に記す。

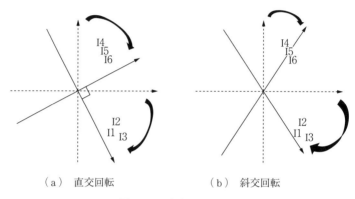

（a）　直交回転　　　　　（b）　斜交回転

図3.5　回転ありの因子軸

　図3.5のように，直交回転は因子軸を直交させたまま回転が行われ，斜交回転は二つの軸を個別に動かして回転が行われる。斜交回転の方が自由に軸を動かせるため，比較的単純構造を得やすい。また，「因子間相関が0」ということは現実離れしているという観点から，斜交回転のほうが用いられる。

　JASPで用いることができる回転法とその特徴を**表3.3**に記す。

〔5〕　**因子の解釈**　　回転後の因子負荷量や出力された共通性，因子間相関などを踏まえて，因子の解釈を行う。因子の解釈において，特に因子負荷量が大きい観測変数から，どのような因子が想定されるのかを推察するのが重要である。具体的な手順については，3.2.1項〔5〕を参照されたい。

〔6〕　**再分析と項目の選定**　　因子の解釈が難しい，あるいは，どの因子か

表 3.3　JASP で用いることができる回転法[7),8),9)]

	方　法	特　徴
直交	バリマックス回転 （varimax）	分散（variance）を最大（max）にすることで，各因子の特徴を際立たせようとする。
	クォーティマックス回転 （quarimax）	観測変数を説明する因子の数を最小化しようとする。
	ベントラー直交回転 （bentler T）	ベントラーによる不変性の単純さ規準に基づく方法。
	エカマックス回転 （equamax）	バリマックス回転とクォーティマックス回転を組み合わせた方法。
	直交ジオミン回転 （geomin T）	各観測変数に寄与しない因子の因子負荷量を 0 に近づけようとする方法。
斜交	プロマックス回転 （promax）	よく用いられる斜交回転の方法。計算が早いが，理論通りの解を得ない。現在では，積極的に用いる理由はない[8)]。
	オブリミン回転 （oblimin）	因子負荷行列の共分散を最小にすることで，単純構造を目指す方法。
	シンプリマックス回転 （simplimax）	プロマックス回転を改良した方法。局所解が多いという問題がある。
	ベントラー斜交回転 （bentler Q）	ベントラーによる不変性の単純さ規準に基づく方法。
	クラスター回転 （cluster）	各観測変数に一つの因子しか寄与しないようにする方法。
	斜交ジオミン回転 （geomin Q）	各観測変数に寄与しない因子の因子負荷量を 0 に近づけようとする方法。

らの寄与が大きいかわからない場合には，再分析と項目の選定を行う。項目の選定では，1）〜3）に示すようなカットオフ値が設定されることが多い。

　1）　因子負荷量の値が .35（あるいは .40）未満か？　該当する項目は削除する。なお，JASP のデフォルトは .40 未満

　2）　共通性の値が .16 や .20，.30 未満か？　該当する項目は削除する。

　3）　複数の因子負荷量が大きいか？　ある観測変数について，複数の因子負荷量が大きい場合は当該変数を削除する。

　項目の選定にあたり，「平均値 ±1× 標準偏差」を超えた項目は項目得点の分布が歪むため削除するという手続きが取られることがある。しかし，これは平均が同じなら分散が大きい項目を削除することにつながり，適切な手続きとは

いえない[10]。合わせて，歪んだ項目を因子分析に含めることと，因子の測度としての有用性は別の話である[10]。それゆえ，「平均±1×標準偏差」の項目処理は，分析者が熟慮しなければならない。

〔7〕 **最終的な因子分析**　〔1〕〜〔6〕の手順で因子分析を何度も繰り返し，解釈可能な因子を得る。その後，**因子得点**（factor score）と**尺度得点**（scale score）を算出する。因子得点とは，個体ごとに求めた因子の具体的な値のことであり，因子負荷量をもとに算出される。尺度得点とは，一定の因子負荷量を示した観測変数の素点の合計や平均をもとに算出された値である。

因子得点は，その因子分析の結果から得られる値であるため，研究（分析）ごとの比較が不可能である。対して，尺度得点は同じ項目を用いていれば，研究（分析）間で比較が可能である。そのため，一般的には因子得点よりも尺度得点が用いられる。

●●● 3.2　探索的因子分析の実行 ●●●

本節では JASP で探索的因子分析を実行する方法を説明する。

使用するデータは，どのような人をあざとい人と思うのかを調べるために，大学生 300 名に実施された質問紙調査の結果である†。調査項目の内容は，**表3.4**であり，回答は 6 件法（1.まったくそう思わない〜6.とてもそう思う）で求められた。なお，Q10 の質問項目は否定文であり，（R）がついている。このような項目を**反転項目**（reverse code item）という。質問紙調査では，回答者がでたらめな回答をしているのかを確認するため，反転項目を用いること

表3.4　JASP で用いることができる因子負荷量の推定法[3),5),6)]

番　号	質問項目	番　号	質問項目
Q1	甘え上手である	Q6	人によって声のトーンを変える
Q2	計算高い	Q7	すり寄ってくる
Q3	ちゃっかりしている	Q8	ボディタッチをする
Q4	自己中心的である	Q9	嘘をつく
Q5	天然っぽい	Q10	人によって態度を変えない（R）

† 架空のデータである。

が多い。なお，反転項目が含まれる場合，信頼性係数を算出するときに注意が必要である（詳しくは5章参照）。

　以下の分析にあたり，本書では項目のカットオフ値として「因子負荷量 .40 未満，共通性 .16 未満（つまり，独自性が .84 より大きい）」を設定する。

3.2.1 探索的因子分析の実行

> ［Factor］
> → ［Exploratory Factor Analysis］

を選択する。すると，**図3.6** のような分析ウィンドウが出力される。

　〔**1**〕 **因子数の決定方法**　ここでは，JASP のデフォルトである平行分析に基づき，因子数を決定する。スクリープロットを出力するには，［Output Options］の［Plots］にある［Scree plot］にチェックをつける。

　〔**2**〕 **推定方法と回転方法の選択**　サンプルサイズが 300 とある程度大きいので，推定法は最尤法を用いる。そのため，［Estimation method］を［Maximum likelihood］に変更する。そして，回転法には斜交回転の一つであるオブリミン回転を用いる。［Rotation］で［Oblique］をチェックし，［Oblimin］を選択する。斜交回転を用いたため，因子間相関を出力する［Factor correlations］にチェックする。

　〔**3**〕 **前提条件の出力**　KMO の測度と Bartlett の球面性検定の結果を出力するために，［Output Options］の［Assumption checks］にある［KMO test］と［Bartlett's test］にチェックをつける。

　〔**4**〕 **1度目の結果の確認**　以上の手順の後，観測変数 Q1 から Q10 を［Variables］に移す。すると，**図3.7** と**図3.8** のような結果が出力される。

　図3.7 は KMO の測度と Bartlett の球面性検定の結果を示している。表3.1 から，KMO の測度はすべての観測変数について良好な値と判断できる。また，Bartlett の球面性検定の結果は 0.1% 水準で有意であり，「観測変数間に相関関係が認められる」ことが示された。

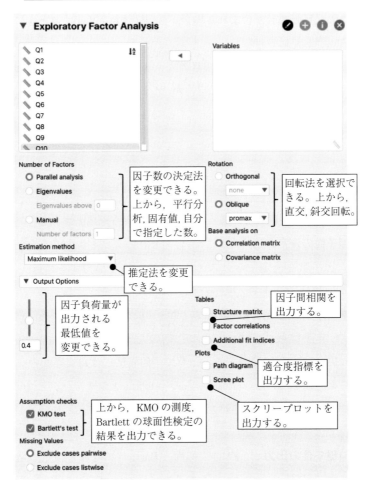

図 3.6　探索的因子分析の分析ウィンドウ

図 3.8 について，［Factor Loadings］は回転後に推定された因子負荷量，
［Factor Characteristics］は因子寄与，［Factor Correlation］は因子間相関を示
している。

［Factor Loadings］において，空白の箇所は因子負荷量が .40 未満であるこ
とを意味する。Q1 と Q7 は Factor 1，Factor 2 の因子負荷量が空白，つまり
.40 未満であるため削除すべきだろう。また，この 2 項目は独自性［Uniqueness］

Kaiser-Meyer-Olkin test

	MSA
Overall MSA	0.755
Q1	0.702
Q2	0.769
Q3	0.740
Q4	0.788
Q5	0.779
Q6	0.762
Q7	0.752
Q8	0.743
Q9	0.767
Q10	0.748

Bartlett's test

X^2	df	p
592.381	45.000	< .001

図 3.7 探索的因子分析の結果

Factor Loadings

	Factor 1	Factor 2	Uniqueness
Q1			0.867
Q2	0.667		0.533
Q3	0.849		0.263
Q4	0.538		0.728
Q5	0.661		0.562
Q6		0.553	0.672
Q7			0.862
Q8		0.637	0.583
Q9		0.420	0.816
Q10		-0.588	0.659

Note. Applied rotation method is oblimin.

左から順に，Factor 1 の因子負荷量，Factor 2 の因子負荷量，独自性が出力される。

Factor Characteristics ▼

	SumSq. Loadings	Proportion var.	Cumulative
Factor 1	2.025	0.202	0.202
Factor 2	1.431	0.143	0.346

左から順に，因子寄与，因子寄与率，累積因子寄与率が出力される。1段目に Factor 1，2段目に Factor 2 の値が出力される。

Factor Correlations

	Factor 1	Factor 2
Factor 1	1.000	0.351
Factor 2	0.351	1.000

因子間相関の結果が行列の形式で出力される。

図 3.8 探索的因子分析 1 回目の結果

の値が .84 より大きいので，独自性の観点からも削除すべきである。

　[Factor Characteristics] において，[SumSq. Loadings] は因子寄与，[Proportion var.] は因子寄与率，[Comulative] は累積因子寄与率を表す。因子寄与率に着目すると，Factor 1 は 0.202 (20.2%)，Factor 2 は 0.143 (14.3%) である。

　[Factor Correlations] において，Factor 1 と Factor 2 のセルが 0.351 となっている。これは，Factor 1 と Factor 2 の因子間相関が 0.351 であることを意味する。

　〔5〕　**項目の選定と再分析**　　因子負荷量と独自性の値を踏まえ，Q1 と Q7 を削除して再分析を行う。合わせて，因子負荷量が出力される値を "0" にする。すると，**図3.9** のような結果が出力される。図3.9 の結果から，因子負荷量および独自性は条件を満たしており，単純構造が得られたと考えられる。

　単純構造が得られたため，ここから因子の解釈を試みる。まず，第1因子

Factor Loadings ▼

	Factor 1	Factor 2	Uniqueness
Q2	0.634	0.063	0.570
Q3	0.869	0.033	0.227
Q4	0.542	−0.211	0.730
Q5	0.661	0.003	0.563
Q6	0.049	0.578	0.647
Q8	0.026	0.630	0.592
Q9	0.005	0.439	0.806
Q10	0.034	−0.576	0.679

Note. Applied rotation method is oblimin.

Factor Characteristics

	SumSq. Loadings	Proportion var.	Cumulative
Factor 1	1.886	0.236	0.236
Factor 2	1.301	0.163	0.398

Factor Correlations

	Factor 1	Factor 2
Factor 1	1.000	0.377
Factor 2	0.377	1.000

図3.9　探索的因子分析2回目の結果

（Factor 1）について，「Q3：ちゃっかりしている」が最も高い値を，「Q5：天然っぽい」と「Q2：計算高い」が次いで高い値を示している。これらの項目は「あざとい人の性格が反映されたもの」であると考えられるため，第 1 因子は「性格」因子と名付けられる。

つぎに，第 2 因子（Factor 2）について，「Q8：ボディタッチをする」が最も高い値を，「Q6：人によって声のトーンを変える」が次いで高い値を示している。また，「Q10：人によって態度を変えない」は反転項目であるため，大きい負の値を示している。これらの項目は「あざとい人の行動が反映されたもの」であると考えられるため，第 2 因子は「行動」因子と名付けられる。

因子の命名は仮説や理論，観測変数に共通することなどに基づき自由に決定できるが，ほかの人が納得できるようなものでなければならない。また，その因子名で観測変数が説明されるかを踏まえる必要がある。

3.2.2　結果の書き方

探索的因子分析の結果で示すべきものは，つぎの通りである。

1）　用いた質問項目とその数

2）　因子数の決定法と項目の削除基準

3）　推定法と回転法

4）　因子負荷量，因子間相関，累積寄与率

5）　因子の命名とその根拠

結果の報告例

あざとい人の印象を測定するための 10 項目について，探索的因子分析を行った。平行分析を行ったところ 2 因子解が示唆された。そこで，2 因子解を想定したうえで，探索的因子分析（最尤法，オブリミン回転）を行った。なお，項目の削除基準として，因子負荷量 .40 未満および共通性 .16 未満を設定した。

探索的因子分析を行ったところ，「甘え上手である」と「すり寄ってくる」の因子負荷量が基準を満たさなかった。そこで，この 2 項目を除外したうえで再分析したところ，単純構造が得られた。推定結果を**表 3**.5 に記す。

表3.5 あざとい人の印象尺度の探索的因子分析結果（$N=300$）

	I	II	共通性
ちゃっかりしている	0.87	0.03	0.77
天然っぽい	0.66	0.00	0.44
甘え上手である	0.63	0.06	0.43
自己中心的である	0.54	−0.21	0.27
ボディタッチをする	0.03	0.63	0.41
人によって声のトーンを変える	0.05	0.58	0.35
人によって態度を変えない	0.03	−0.58	0.32
嘘をつく	0.01	0.44	0.19
因子間相関		0.38	

　第1因子は「ちゃっかりしている」や「天然っぽい」など性格に関する4項目が高い因子負荷を示していたため，「性格」因子と命名した。第2因子は「ボディタッチをする」や「人によって声のトーンを変える」など行動に関する4項目が高い因子負荷を示していたため，「行動」因子と命名した。

　なお，因子間相関は0.38，累積寄与率は40%であった。

───── **章 末 問 題** ─────

　「3章演習データ.csv」は，2800人にパーソナリティに関する25項目の尺度（A1 ～ O5）を測定したものである[†]。アルファベットの頭文字は，A：協調性，C：誠実性，E：外向性，N：神経症傾向，O：開放性を想定した項目であることを示す。

　この25項目について，探索的因子分析を行い，どのような因子が得られるのかその結果を報告せよ。

[†]　JASP のデータセットに含まれているものである。それぞれの具体的な項目については，R Documentation bfi function[11] を参照されたい。

4. 既存の尺度・開発した尺度を確認する

　前章では，探索的に共通因子を探る「探索的因子分析」について説明した。探索的に共通因子を探るのではなく，先行研究や理論に基づいて共通因子と観測変数との関係をモデル化し，そのモデルが得られた共変動に一致するかを確認するという因子分析の方法がある。本章では，このような「確認的因子分析」について説明する。

　キーワード：確認的因子分析，適合度指標

●●● 4.1　確認的因子分析とは ●●●

　前章では，因子分析には探索的因子分析と**確認的因子分析**（confirmatory factor analysis：CFA）という2種類の方法があると説明した。探索的因子分析が観測変数間の共変動から「探索的」に共通因子を探るのに対して，確認的因子分析は先行研究や理論に基づいて共通因子と観測変数との関係をモデル化し，そのモデルが得られた共変動に一致するかを「確認」する。

　探索的因子分析と確認的因子分析のイメージを図示すると，それぞれ**図4.1**と**図4.2**のようになる。探索的因子分析は，「各観測変数がすべての因子から影響を受ける」ことを想定している。一方，確認的因子分析は，「各観測変数が強い影響を受けることが想定される因子からのみ影響を受ける」ことを想定している。

　確認的因子分析は

　1）　探索的因子分析で得られた結果を確認する

　2）　観測変数と共通因子の明確な関係が事前にわかっている

ときに用いられる。そして，確認したいモデルがどの程度データに適合するのか（当てはまるのか）を明らかにすることで，そのモデルの「妥当性」を検討

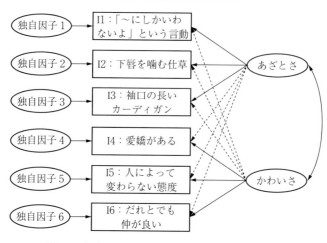

図4.1 探索的因子分析のイメージ（図3.2の再掲）

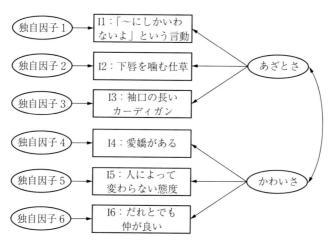

図4.2 確認的因子分析のイメージ

するのである。それゆえ，確認的因子分析では，データとの適合の程度を示す
適合度指標を参照する必要がある。

4.1.1 モデルの適合度指標

確認的因子分析の結果は，用いた変数の数やモデルの複雑さ，サンプルサイ

ズなどに影響を受ける。そのため，結果を提示する際には複数の適合度指標を報告する必要がある。本項では，その代表的な指標と基準について説明する。

〔1〕　**絶対的指標**　　モデルがデータに当てはまっているかを説明力や予測力，モデルの複雑さから評価する指標である。用いられる絶対的指標として，情報量規準，およびデータの共分散行列とモデルで説明される共分散行列の離れ具合を示す指標がある。

まず，情報量規準は「本当のモデル」からの離れ具合を示すものであり，AIC や BIC が代表的な指標である。「本当のモデル」が定かではないため，AIC や BIC は複数のモデルを同じデータに当てはめて比較するときに用いる。どちらも値が低いモデルのほうが，よりデータに適合したモデルと判断する。

つぎに，データの共分散行列とモデルで説明される共分散行列の離れ具合を示す指標として，GFI や AGFI，SRMR がある。GFI と AGFI は値が大きいほど，SRMR は値が小さいほど適合が良いと判断する。

〔2〕　**相対的指標**　　変数間に一切のパスを想定しないモデル（独立モデル）との適合度を比較した指標である。よく用いられる相対的指標として，CFI と TLI がある。どちらも値が大きいほど適合が良いと判断する。

〔3〕　**非心度に基づく指標**　　非心 χ^2 分布に基づき，モデルの悪さを測定する指標である。代表的な指標として，RMSEA がある。RMSEA の値が小さいほど適合が良いと判断する。確認的因子分析において，RMSEA はよく用いられる指標であり，信頼区間が報告されることも多い。

〔4〕　**尤度に基づくカイ 2 乗値**　　モデルがデータに適合していることを検定するための統計量として用いられる。結果が有意である場合，モデルはデータに適合していないと判断する。ただし，サンプルサイズが大きい場合，サンプルサイズが大きいほど有意になりやすいという有意性検定の特徴から，モデルはデータに適合していないという結論を得やすい。そのため，カイ 2 乗値の良し悪しについては現在も議論が続いている。

代表的な適合度指標の一般的な基準は**表 4.1** の通りである。なお，以上の適合度指標の詳細な数理については，星野ほか[1] や豊田[2] を参照されたい。

表4.1　適合度指標の一般的な基準[2),3)]

適合度指標	基　　準
AIC & BIC	複数のデータを同じデータに当てはめたときに，相対的に値が低いモデルが適合していると判断する。
GFI & AGFI	1に近いほどよく適合していると考える。0.90（0.95）以上だと（よく）適合していると考えることが多い。 なお，GFI＞AGFIとなる。
SRMR	0に近いほどよく適合していると考える。0.10（0.05）未満だと（よく）適合していると考えることが多い。
CFI	1に近いほどよく適合していると考える。0.90（0.95）以上だと（よく）適合していると考えることが多い。
TLI	1に近いほどよく適合していると考える。0.90（0.95）以上だと（よく）適合していると考えることが多い。
RMSEA	0に近いほどよく適合していると考える。0.10（0.05）未満だと（よく）適合していると考えることが多い。
χ^2値	有意でなければ，よく適合していると考える。しかし，サンプルサイズが大きい場合は有意になりやすいことに注意。

4.1.2　因子負荷量や因子間相関の推定法

　確認的因子分析では，探索的因子分析と異なる推定法で，因子負荷量や因子間相関を推定する。探索的因子分析と同様，サンプルサイズが大きい場合や観測変数が多変量正規分布に従っている場合は最尤法を用いるとよい。これ以外の場合，特に観測変数が著しく正規分布から外れている場合は対角重み付き最小2乗法を用いるとよい。JASPで用いることができる推定法を**表4.2**に示す。

表4.2　JASPで用いることができる推定法[2)]

推定法	特　　徴
最尤法 ML	構造方程式で用いられる基本的な方法。JASPのデフォルトとして，設定されている。
一般化最小2乗法 GLS	MLより計算負荷が少なく，コンピュータ性能が低い時代に用いられた方法。
重み付き最小2乗法 WLS	MLではうまく分析できない，正規性が認められない数千単位のデータの際に用いる方法。
重みなし最小2乗法 ULS	正規性が認められないデータに用いる方法だが，その精度は低いため基本的に用いない。
対角重み付き最小2乗法 DWLS	データが連続変数でない場合や歪んでいる場合に用いる方法。

●●● 4.2　確認的因子分析の実行 ●●●

本節では JASP で確認的因子分析を実行する方法を説明する。

使用するデータは，3章と同様のものである。ここでは，3章で得られた探索的因子分析の結果を確認的因子分析により検討する。

4.2.1　確認的因子分析の実行

> ［Factor］
> → ［Confirmatory Factor Analysis］

を選択する。すると，図4.3のような分析ウィンドウが出力される。

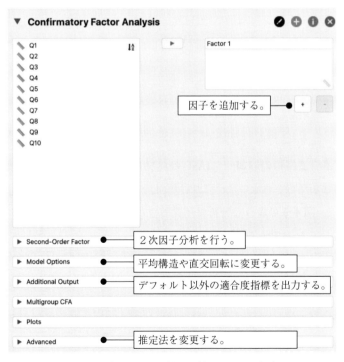

図4.3　確認的因子分析の分析ウィンドウ(1)

〔1〕　**確認したいモデルの投入**　　3章の結果に基づき，［Factor 1］に Q2，Q3，Q4，Q5 を投入する。そして，"+"を押して［Factor 2］をつくり，そこ

に Q6, Q8, Q9, Q10 を投入する。

〔2〕 **因子負荷量や因子間相関の推定法の選択**   図4.3の［Advanced］を選択する。すると，**図4.4**の分析ウィンドウが出力される。推定法を最尤法にするために，［Estimator］を "ML" に変更する。さらに，探索的因子分析のような因子負荷量が出力されるように［Standardization］を "All" に変更する。

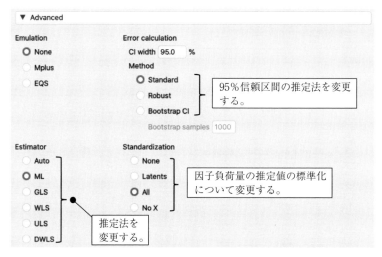

図4.4 確認的因子分析の分析ウィンドウ（2）

〔3〕 **適合度指標の追加**   JASP のデフォルトでは，適合度指標としてカイ2乗値しか出力されない。そこで，図4.3の［Additional Output］を選択する。すると，**図4.5**のような分析ウィンドウが出力される。そして，［Additional fit measures］を選択する。

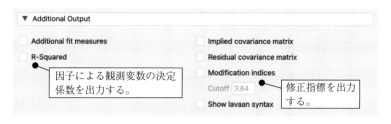

図4.5 確認的因子分析の分析ウィンドウ（3）

〔4〕 **結果の確認** 以上の手順を踏まえると，**図4.6**と**図4.7**のような結果が出力される。

Chi-square test

Model	X²	df	p
Baseline model	501.222	28	
Factor model	26.422	19	0.119

Additional fit measures ▼

Fit indices

Index	Value
Comparative Fit Index (CFI)	0.984
Tucker–Lewis Index (TLI)	0.977
Bentler-Bonett Non-normed Fit Index (NNFI)	0.977
Bentler-Bonett Normed Fit Index (NFI)	0.947
Parsimony Normed Fit Index (PNFI)	0.643
Bollen's Relative Fit Index (RFI)	0.922
Bollen's Incremental Fit Index (IFI)	0.985
Relative Noncentrality Index (RNI)	0.984

Information criteria

	Value
Log-likelihood	−3690.446
Number of free parameters	17.000
Akaike (AIC)	7414.891
Bayesian (BIC)	7477.855
Sample-size adjusted Bayesian (SSABIC)	7423.941

Other fit measures ▼

Metric	Value
Root mean square error of approximation (RMSEA)	0.036
RMSEA 90% CI lower bound	0.000
RMSEA 90% CI upper bound	0.066
RMSEA p-value	0.744
Standardized root mean square residual (SRMR)	0.046
Hoelter's critical N (α = .05)	343.253
Hoelter's critical N (α = .01)	411.915
Goodness of fit index (GFI)	0.978
McDonald fit index (MFI)	0.988
Expected cross validation index (ECVI)	0.201

図4.6 確認的因子分析の結果（適合度指標）

図4.6は，適合度指標に関する結果を示している。代表的な適合度指標のすべてが，表4.1の一般的な基準を満たしているとわかる。それゆえ，探索的因子分析の結果得られた観測変数と因子の関係はデータに適合していると判断できる。

図4.7について，〔Factor loadings〕は因子負荷量，〔Factor variances〕は因子の分散，〔Factor Covariances〕は因子間相関を示している。

Parameter estimates ▼

Factor loadings ▼

Factor	Indicator	Symbol	Estimate	Std. Error	z-value	p	95% Confidence Interval		Std. Est. (all)
							Lower	Upper	
Factor 1	Q2	$\lambda 11$	0.740	0.065	11.469	< .001	0.614	0.867	0.653
	Q3	$\lambda 12$	1.140	0.070	16.244	< .001	1.002	1.277	0.890
	Q4	$\lambda 13$	0.682	0.089	7.692	< .001	0.509	0.856	0.458
	Q5	$\lambda 14$	0.823	0.072	11.495	< .001	0.683	0.964	0.655
Factor 2	Q6	$\lambda 21$	0.696	0.078	8.916	< .001	0.543	0.849	0.605
	Q8	$\lambda 22$	0.758	0.080	9.485	< .001	0.602	0.915	0.649
	Q9	$\lambda 23$	0.491	0.079	6.243	< .001	0.337	0.645	0.425
	Q10	$\lambda 24$	−0.746	0.091	−8.176	< .001	−0.925	−0.567	−0.552

Factor variances

Factor	Estimate	Std. Error	z-value	p	95% Confidence Interval		Std. Est. (all)
					Lower	Upper	
Factor 1	1.000	0.000			1.000	1.000	1.000
Factor 2	1.000	0.000			1.000	1.000	1.000

Factor Covariances

			Estimate	Std. Error	z-value	p	95% Confidence Interval		Std. Est. (all)
							Lower	Upper	
Factor 1	↔	Factor 2	0.333	0.071	4.662	< .001	0.193	0.472	0.333

図 4.7　確認的因子分析の結果（因子負荷量と因子間相関）

　［Factor loadings］において，［Estimate］は因子負荷量の非標準化推定値，［Std. Error］はその標準誤差，［z-value］は検定統計量の z 値，［p］は p 値，［Std. Est.（all）］は因子負荷量の標準化推定値を表している。確認的因子分析における因子負荷量については，［Std. Est.（all）］を確認する。例えば，Q3 の因子負荷量は .890 であり，Factor1 の中で最も大きい値である。この結果は，探索的因子分析と同様の結果である。

　［Factor variances］において，Factor1 と Factor2 の分散が出力されている。［Estimate］には推定値が示されるが両因子とも 1.000 であり，ほかの値は空白である。これは，そもそも因子の分散を 1.000 に固定しているためである。詳細は，豊田[2] を参照されたい。

　［Factor Covariances］において，因子間相関に関する結果が出力される。結果の見方は［Factor loadings］と同様である。Factor1，Factor2 の因子間相関は 0.333 であり，探索的因子分析における 0.377 とほぼ同様の値である。

　今回は，探索的因子分析の結果得られた因子がデータに十分に当てはまると

いうことが示された。しかし，データの当てはまりが認めらない場合もある。その場合には，探索的因子分析を行い，因子構造を検討するとよいだろう。

4.2.2　結果の書き方

確認的因子分析の結果で示すべきものは，つぎの通りである。

1）　確認したモデルの詳細
2）　用いた推定法と適合度指標
3）　因子負荷量と因子間相関

結果の報告例

　探索的因子分析の結果から得られた，あざとい人の印象の因子構造を確認するために，確認的因子分析（最尤法）を行った。「性格」と「行動」の二つの因子からそれぞれに該当する観測変数が影響を受け，因子間相関を想定したモデルで分析を行った。

　分析の結果，適合度指標は CFI = .98，TLI = .98，RMSEA = .04；90 % CI[.00, .07]，SRMR = .05 であり，良好な値が得られた。よって，本研究が想定した 2 因子構造が確認された。因子負荷量と因子間相関の推定値を**表 4.3** に記す。

表 4.3　あざとい人の印象尺度の確認的因子分析の結果（$N = 300$）

	I	II
ちゃっかりしている	0.87	
天然っぽい	0.66	
計算高い	0.65	
自己中心的である	0.46	
ボディタッチをする		0.65
人によって声のトーンを変える		0.51
人によって態度を変えない		−0.55
嘘をつく		0.43
因子間相関		0.33

────　**章　末　問　題**　────

　「3 章演習データ .csv」を探索的因子分析した結果，得られた因子構造について，確認的因子分析を行い，その構造がデータに十分当てはまるものか結果を報告せよ。

5. テストや尺度の 信頼性係数を求める

　3，4章で説明した因子分析や項目反応理論などを用いてテストや尺度を作成したとき，その妥当性，特に信頼性を検討することが求められる。信頼性の検討では，信頼性の程度の大きさである信頼性係数を算出することが必須である。本章では，妥当性と信頼性，および JASP における信頼性係数の算出方法を説明する。

　キーワード：妥当性，信頼性，構成概念妥当性，信頼性係数，再検査法，平行検査法，内的一貫性，α 係数，ω 係数

●●● 5.1　妥当性と信頼性　●●●

　テストや尺度の作成において，その**妥当性**（validity）と**信頼性**（reliability）を担保することが求められる。妥当性とは，そのテストや尺度が測定したいものを適切に反映できている程度のことである。例えば，作成した「社交性」尺度により，本当に社交性が測れる程度のことが妥当性である。一方，信頼性とは，そのテストや尺度の測定結果の一貫性や安定性のことである。ここでの一貫性や安定性とは，ある人にもう一度測定したら同様の回答をすることや類似した項目には類似した回答をするということである。

　ここで，「数学に対する学習意欲」を質問紙で測定する尺度を作成する場合を考える。この尺度の質問項目として，「英語の勉強は楽しい」や「国語の授業に一生懸命取り組んでいる」という数学とは関係のない項目が混じっていたとしよう。この場合，尺度の妥当性は当然低いと判断されるが，回答が類似するというように信頼性は高くなることがある。つまり，信頼性が高くても妥当性が低いということはありえる。

　このような妥当性と信頼性の関係を示すものとして，**図 5.1** のような「ダー

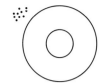
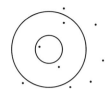

（ａ）　妥当性：高　　　　（ｂ）　妥当性：低　　　　（ｃ）　妥当性：低
　　　　信頼性：高　　　　　　　　信頼性：高　　　　　　　　信頼性：低

図 5.1　妥当性と信頼性に関するダーツのアナロジー

ツのアナロジー」が有名である。このアナロジーは，ある人が 10 回連続して的に向かってダーツを投げたとするものである。その人が的の中心付近に一貫してダーツを当てている場合は，妥当性と信頼性が高いといえる。一方，ダーツが点々バラバラな場所に当たっている場合は，妥当性と信頼性が低いといえる。また，ダーツが中心から外れた場所に一貫して当たっている場合は，信頼性は高いが，妥当性は低いといえる。

5.1.1　伝統的な妥当性の捉え方

　伝統的な妥当性の捉え方として，妥当性を**内容的妥当性**（content validity），**基準関連妥当性**（criterion-related validity），**構成概念妥当性**（construct validity）の三つに大別することがある。詳細はつぎの通りである。

　〔**1**〕　**内容的妥当性**　　尺度の質問項目が測定しようとしていることをカバーしているか，代表している項目であるかということである。内容的妥当性は，その分野の専門家によるチェックにより検証することができる。

　〔**2**〕　**基準関連妥当性**　　作成した尺度と関連する既存の尺度やテストのような外的基準との関連の程度である。基準関連妥当性は，妥当性のある外的基準との相関係数を算出することで検証することができる。

　〔**3**〕　**構成概念妥当性**　　測定しようとしていること（構成概念）をどの程度適切に反映しているか，理論やモデルと整合するものであるかということである。構成概念妥当性は，因子分析や妥当性のある外的基準との関連，その分野の専門家によるチェックにより検証することができる。

5.1.2　Messick[1] による妥当性の捉え方

　構成概念妥当性の定義と検証法を踏まえると，内容的妥当性や基準関連妥当性は構成概念妥当性の一部であると判断できるだろう。アメリカの心理学者 Messick は，妥当性には内容的妥当性や基準関連妥当性というようなサブタイプがあるのではなく，構成概念妥当性という単一の概念で妥当性を考えた。つまり，「妥当性＝構成概念妥当性」であり，構成概念妥当性の検証により妥当性が検証されると考える。

　さらに，Messick によると，構成概念妥当性の検証は内容的，本質的，構造的，一般化可能性，外的，結果的側面などさまざまな証拠を集めることで検証される。それぞれの証拠の詳細を**表 5.1** に記す。表 5.1 で重要なことは，先に説明した信頼性が「一般化可能性の側面」に含まれることである。つまり，Messick の枠組みでは，信頼性は構成概念妥当性を支える一つの証拠と考えることができる。次節では，このような信頼性を数値化したものである**信頼性係数**（reliability coefficient）について説明する。

表 5.1　構成概念妥当性の側面[2],[3]

側　面	妥当性の証拠	証拠の収集法
内容的側面	質問項目が測定したいことに対応しているか，代表する項目であるか。	専門家によるチェックやカリキュラム，課題分析など。
本質的側面	質問項目への反応プロセスに理論的根拠があるか。	観察やインタビュー，質問紙など。
構造的側面	質問項目間の関係（因子構造など）が仮説や理論に適合するか。	因子分析や相関分析，構造方程式モデリング，項目反応理論など。
一般化可能性の側面	測定結果がほかの時期や集団，状況などでも一貫しているか。	一般化可能性理論，再検査信頼性，代替検査信頼性，α 係数，ω 係数など。
外的側面	ほかの尺度との間に想定される関係が認められるか。	相関分析や構造方程式モデリングなど。
結果的側面	尺度を用いることで，社会的に望ましい（あるいは望ましくない）ことが生じる（生じない）か。	観察やインタビュー，質問紙，事前・事後テストの実施など。

●●● 5.2　信頼性係数とは ●●●

テストや尺度の観測された値はその日の気分や状況によって，本来観測されるであろう真の値からずれるものと考えられる。そこで，つぎのようなモデル式と仮定により，このことを表現する。

$$（観測値）=（真の値）+（誤差）　　　　　　　　　　　　　　　(5.1)$$

【仮定1】　真の値と誤差の相関は0

【仮定2】　誤差の期待値（平均）は0

【仮定3】　誤差どうしの相関は0

式（5.1）において，真の値が大きいほど，逆に誤差が小さいほど信頼性が高いと考える。また，観測値の分散は

$$（観測値の分散）=（真の値の分散）+（誤差の分散）　　　　　　(5.2)$$

と表すことができる。

以上を踏まえ，信頼性係数 ρ を

$$\rho = \frac{真の値の分散}{観測値の分散} = \frac{真の値の分散}{真の値の分散+誤差の分散}　　　　(5.3)$$

で定義する。この定義式は，信頼性係数 ρ が「観測値の分散に占める真の値の分散の割合」であることを示している。真の値の分散は観測値の分散より大きいことはないので，信頼性係数 ρ は0から1の値をとる。信頼性係数 ρ が大きいほど信頼性が高く，一般的に0.80以上の場合に信頼性が高いと考える。

ただし，テストや尺度の真の値を求めることができないため，信頼性係数 ρ を直接導出することはできない。そこで，**再検査法**や**平行検査法**，**内的一貫性**，評価者信頼性という方法を用いて，信頼性係数 ρ を推定しようとするのである。本節では，これらの方法の中で，再検査法と平行検査法，内的一貫性について説明する。

5.2.1　再 検 査 法

同じテストや尺度を同じ人に2回実施し，信頼性係数を推定する方法のこと

を**再検査法**という。再検査法により推定された信頼性係数を再検査信頼性係数といい

$$(再検査信頼性係数) = (2回の観測値の相関係数) \qquad (5.4)$$

で定義される。

　再検査法を実施するにあたり，回答者の特性や能力が変化しない時期に2回の測定を行う必要がある。通常は2週間から1か月の間隔を開けて，測定することが多い。

5.2.2　平 行 検 査 法

　学校のテストなどで再検査法を用いてしまうと，回答者が回答方法などを学習してしまい，観測値にバイアスが生じる可能性がある。そこで，まったく同じものではなく，項目は異なるものの内容が同じであるテストや尺度を用いて，同じ人に2回検査を実施するのが**平行検査法**である。なお，平行検査法では同じような項目には同じような反応をすることが仮定されている。

　平行検査法により推定された信頼性係数を平行検査信頼性係数といい

$$(平行検査信頼性係数) = (2回の平行検査の観測値の相関係数) \quad (5.5)$$

で定義される。

5.2.3　内 的 一 貫 性

　内的一貫性とは，同じこと（構成概念）を測定している質問項目間が回答者ごとに一貫していることである。内的一貫性に基づく信頼性係数の推定方法として，折半法†とキューダー・リチャードソンの公式，**α係数**（Cronbach's α coefficient），**ω係数**（McDonald's ω coefficient）などがある。本項では，これらの中で代表的なものであり，かつ JASP で求めることができる α 係数と ω 係数について説明する。

　〔1〕　**α係数**　（クロンバックの）α 係数は

---

†　折半法とは，項目を半分にし，それぞれの相関係数を求める方法である。項目の分け方によって結果が異なるため，α 係数や ω 係数が用いられている。

$$\alpha \, 係数 = \frac{項目数}{項目数 - 1} \times \frac{1 - 項目得点の分散の合計}{尺度得点の分散} \tag{5.6}$$

により求められる[†1]。

α 係数は，信頼性係数の推定値として，とりわけよく使用される指標であり，この値だけで信頼性係数を推定することが多い。α 係数に絶対的な基準はないが，0.8 以上（心理尺度では 0.7 以上）であることが望ましく，0.5 未満である場合には尺度として不適切である[†2]と考える。

なお，α 係数は尺度の因子負荷量がすべて等しいことを仮定している。そのため，まったく同じ項目から尺度を構成すれば $\alpha = 1$ となる。このことは，とても似ている数少ない項目で尺度をつくれば α 係数を高くできることを意味しており，妥当性の観点から問題があるといえる。

〔2〕 ω 係数　　先に説明したように，α 係数は尺度の因子負荷量がすべて等しいことを仮定している。この仮定を取り除き，因子分析の結果を反映してその負荷量に重み付けをしたものが ω 係数である。近年では，α 係数に加え，ω 係数も内的一貫性に基づく信頼性係数として報告されることがある。

ω 係数は因子分析を用いてその値を導出しているため，サンプルサイズが小さい場合には推定値にバイアスが生じることに注意が必要である。

●●● 5.3　信頼性係数の算出 ●●●

本節では，JASP で信頼性係数，α 係数と ω 係数を算出する方法を説明する。

使用するデータは，120 人の大学生の学習の取組みを 3 項目（e1〜e3）で測定したデータである（5 章データ .csv）。ここでは，学習の取組みの信頼性係数を求める。

[†1] α 係数は信頼性係数の下限の推定値を与えるという性質を有する。すなわち，$\alpha \leqq \rho$ である。

[†2] α 係数が 0.5 未満である場合，その値のほとんどが測定誤差であると判断できる。

5.3.1 メニューの追加

JASP のデフォルトメニューには，信頼性係数を算出するメニューがない。そこで，**図5.2**にある"+"を選択し，"Reliability"にチェックする。

図5.2 メニューの追加

5.3.2 信頼性係数の算出

［Reliability］の Classical にある［Single-Test Reliability Analysis］を選択する。すると，**図5.3**のような分析ウィンドウが出力される。学習の取組みの項目である e1〜e3 を［Variables］に移す。

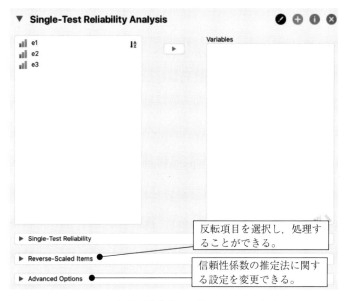

図5.3 信頼性係数算出の分析ウィンドウ（1）

JASP のデフォルトでは，ω 係数しか算出されない。そこで，α 係数を算出するために，［Single-Test Reliability］にある［Cronbach's α］にチェックする（**図5.4**）。すると，**図5.5**のような結果が出力される。

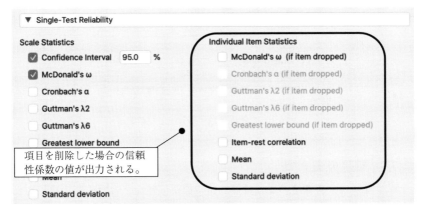

図5.4 信頼性係数算出の分析ウィンドウ(2)

Frequentist Scale Reliability Statistics

Estimate	McDonald's ω	Cronbach's α
Point estimate	0.337	−0.563
95% CI lower bound	0.138	−1.011
95% CI upper bound	0.536	−0.194

Note. The following item correlated negatively with the scale: e2. Of the observations, pairwise complete cases were used.

図5.5 信頼性係数算出の結果ウィンドウ(1)

　図5.5の結果では，$\omega = 0.337$，$\alpha = -0.563$と著しく低い値となっており[†]，現状のままでは学習の取組みの測定データの信頼性に問題があるといえる。ここで，図5.5の "Note" にある「e2の項目は尺度得点と負の相関にある」に注目されたい。これは，e2が反転項目である可能性を指摘するものである。

　そこで，図5.3にある［Reverse-Scaled Items］を選択し，e2を［Reverse-Scaled Items］に移すと，**図5.6**の結果が出力される。図5.6の結果から，$\omega = 0.735$，$\alpha = 0.696$と一定の信頼性係数が得られたと判断できる。

[†] α係数に至っては，信頼性係数が0から1の値をとることが想定されているにも関わらず負の値となっている。

Frequentist Scale Reliability Statistics

Estimate	McDonald's ω	Cronbach's α
Point estimate	0.735	0.696
95% CI lower bound	0.644	0.603
95% CI upper bound	0.827	0.771

Note. Of the observations, pairwise complete cases were used.

図5.6 信頼性係数を再算出した結果

5.3.3 結果の書き方

信頼性係数は，**表5.2**のように平均値や標準偏差などの記述統計量とともに報告されることが多い。また，「本研究の学習の取組み尺度は，$M = 2.93$, $SD = 0.19$, $\alpha = .70$, $\omega = .74$であった」というように文章で報告される[†]。

表5.2 信頼性係数の報告例

	M	SD	α	ω
学習の取組み尺度	2.93	0.19	.70	.74

──── 章 末 問 題 ────

【1】 妥当性と信頼性とはどのようなものか説明せよ。
【2】 3，4章の章末問題における尺度の信頼性係数を報告せよ。

[†] 信頼性係数は0から1の値をとるので，0.70ではなく.70のように報告されることが多い。

6. 変数を縮約する

　3章と4章で説明した因子分析は観測変数間の共通因子を探索あるいは確認する方法であり，因子によって観測変数が説明されることを想定する。対して，観測変数を縮約し合成得点を生成するという，因子分析とは逆向きのプロセスを考えることも往々にしてある。そこで，本章では合成得点を生成する方法の一つである主成分分析について説明する。

　キーワード：主成分分析，主成分，主成分負荷量，主成分寄与，主成分得点

●●● 6.1　主成分分析とは ●●●

　ヒトの肥満の程度を示す指標として，BMI（body mass index）というものがあることを知っている人は多いだろう。BMI は「体重〔kg〕÷身長〔m〕の2乗」で定義される量であり，体重と身長の値を合成して肥満度を示すものである。

　BMI のように，複数の変数を合成して新たな変数をつくり出すということが往々にしてある。このような場合に用いられる統計的手法が，**主成分分析**（principal component analysis：PCA）である。

　主成分分析は，観測変数間の共変動をもとにして共通な成分を探索し，**合成変数**（**主成分**）をつくり出す手法である。傍線部をそのままにして，「合成変数」を「共通因子」と見なせば，主成分分析と探索的因子分析は同様の方法ではないかと考える人がいるかもしれない。しかし，主成分分析と探索的因子分析は似て非なる手法である。

　主成分分析と探索的因子分析のイメージを図示すると，**図6.1**のようになる。図6.1から，主成分分析と探索的因子分析には大きくつぎの違いがある。

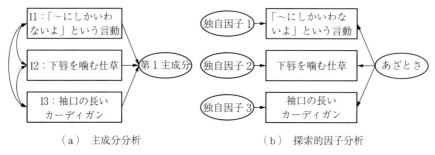

（a）　主成分分析　　　　　　　　（b）　探索的因子分析

図 6.1　主成分分析と探索的因子分析のイメージ図

1）　主成分分析は観測変数が合成得点に影響を与えるが, 探索的因子分析は因子が観測変数に影響を与える。すなわち, <u>観測変数の因果</u>が異なる。

2）　主成分分析では独自因子を想定していないが[†], 探索的因子分析は独自因子を想定している。すなわち, <u>誤差の有無</u>が異なる。

3）　探索的因子分析は<u>「共通因子」を探索する</u>ことが目的なのに対して, 主成分分析はデータを<u>「合成変数（主成分）」</u>に縮約することが目的である。

6.1.1　主成分の決定法

主成分分析では, 第1主成分の分散が最大になるようにする。そして, 第2, 第3主成分以降についても, 分散が最大になるように主成分を推定する。

ここで, **図 6.2** を用いて「分散が最大になる」ことの意味を説明する。図6.2では, もとのデータをある軸に移動させることを表している。（a）のように, 移動したデータの分散が小さい場合には, データ間の差が現れにくく, もとのデータに関する情報が少ないと考えることができる。対して, （b）のように, 移動したデータの分散が大きい場合は, データ間の差が現れやすく, もとのデータに関する情報を多く有すると考えることができる。

以上から, 「主成分の分散が最大になるようにする」ことは, 「もとのデータの情報を最大限有するようにデータを移動する」ことにほかならない。つまり, 主成分の分散とは「主成分の有するデータに関する情報量」である。この

---

†　共通性が1（独自性が0）ということを意味する。

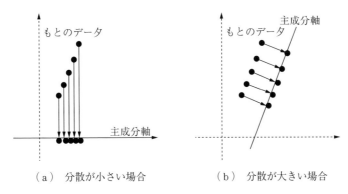

（a）　分散が小さい場合　　　　　（b）　分散が大きい場合

図6.2　主成分決定のイメージ図

観点から，主成分分析は，もとのデータに関する情報量を最大限有するように
データを縮約する方法といえる†。

6.1.2　主成分数の決定

　探索的因子分析における因子数の決定と同様に，主成分分析においても主成
分の数を決定する必要がある。JASPでは，「固有値」と「スクリープロット」，
「平行分析」に基づく方法を用いることができる。これらの方法は，探索的因
子分析における因子数の決定と同様である。

　主成分の数を決めるにあたって，主成分分析では観測変数の縮約が目的であ
ることに留意しなければならない。つまり，主成分分析では主成分の数をでき
る限り少なくしなければならない。

6.1.3　主成分分析の推定法と回転法

　主成分分析の推定法には，主因子法が用いられる。3章の表3.2にあるよう
に，主因子法は探索的因子分析の推定法の一つである。しかし，主成分分析で
は共通性の初期値を1として計算が行われており，独自性を考慮しない。

　主成分分析は，探索的因子分析と同様に軸を回転することができる。しか

---

†　詳細な数理については，永田ほか[1]を参照されたい。

し，主成分分析では，基本的に軸の回転を行わない。軸を回転すると単純構造を得ること，ひいては因子数が増えることにつながりかねない。それゆえ，主成分分析で軸の回転を行うとより多くの主成分を得てしまう可能性がある。

6.1.4 主成分負荷量と主成分寄与，主成分得点

主成分の数や回転法を決めたうえで主成分分析を行うと，**主成分負荷量**（component loading）や**主成分寄与**（variance explained）が得られる。主成分負荷量とは，主成分に対する観測変数の重み付けの大きさのことである。主成分寄与とは観測変数が主成分を説明する大きさのことであり，これを割合にしたものを**主成分寄与率**（proportion of variance explained），各主成分の主成分寄与率を順に足していったものを**累積主成分寄与率**（cumulative proportion of variance explained）という。

また，主成分分析の最終的な結果から**主成分得点**（component score）が得られる。主成分得点とは，個体ごとに求めた主成分の具体的な値のことであり，主成分負荷量をもとに算出される。主成分得点は，多重共線性（9.1.3 項参照）が疑われる複数の独立変数を縮約した変数として回帰分析で用いること，ならびに高次元のデータを縮約したうえでクラスター分析に用いることが多い。

6.1.5 主成分分析の解釈

主成分分析では，主成分負荷量の値により主成分の解釈を行う。例えば，**表6.1** のような主成分負荷量が得られたとしよう[1]。第 1 主成分について，すべての教科の主成分負荷量が正かつ 0.7 前後であるため，「総合学力」と解釈できる。第 2 主成分について，国語と英語の主成分負荷量が負，数学と理科の主成

表6.1　主成分負荷量の例

	I	II
国語	.75	− .54
英語	.70	− .50
数学	.78	.70
理科	.69	.65

分負荷量が正であるため，「文系科目と理系科目の優位さ」と解釈できる。このように，主成分分析では第1主成分が「総合評価」のようになることが多い。

　主成分得点に着目すると，第1主成分の主成分得点が正であれば，「総合学力が高い」ことを意味している。また，第2主成分の主成分得点が正であれば「理系科目が優れている」，負であれば「文系科目が優れている」，0に近ければ「どちらも優れている」ことを示している。

●●● 6.2　主成分分析の実行 ●●●

　JASP で主成分分析を実行する方法を説明する。

　使用するデータは，2020 年 11 月 9 日現在のプロ野球個人打撃成績から安打（hit），二塁打（double），三塁打（triple），本塁打（homer），打点（RBI），盗塁（stealing），犠打（bunt）を抜粋したものである。

6.2.1　主成分分析の実行

> ［Factor］
> → ［Principal Component Analysis］

を選択する。すると，**図 6.3** のような分析ウィンドウが出力される。

　〔1〕　**主因子数の決定**　　ここでは，JASP のデフォルトである平行分析に基づき，主因子数を決定する。なお，スクリープロットを出力するには，［Output Options］の［Plots］にある［Scree plot］にチェックをつける。

　〔2〕　**回転法の選択**　　主成分分析では基本的に軸の回転を行わないので，［Rotation］の［Orthogonal］をチェックし，"none（無回転）"を選択する。

　〔3〕　**結果の確認**　　主成分負荷量が出力される値を "0" に設定したうえで，"hit" から "bunt" の観測変数を［Variables］に移す。すると，**図 6.4** の結果が出力される[†]。

---

　†　ここで，出力された結果は観測変数間の相関行列（correlation matrix）に基づくものである。相関行列ではなく共分散行列（covariance matrix）を推定に用いたい場合，［Base decomposition on］において［Covariance matrix］を選択するとよい。

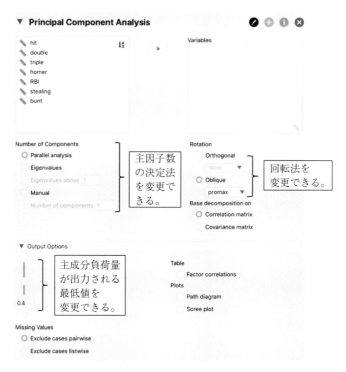

図6.3　主成分分析の分析ウィンドウ

Component Loadings ▼

	PC1	PC2	Uniqueness
hit	−0.020	0.921	0.151
double	0.384	0.769	0.261
triple	−0.634	0.286	0.516
homer	0.838	0.108	0.286
RBI	0.893	0.186	0.169
stealing	−0.584	0.426	0.478
bunt	−0.749	0.137	0.420

Note. No rotation method applied.

Component Characteristics

	Eigenvalue	Proportion var.	Cumulative
PC1	2.951	0.422	0.422
PC2	1.769	0.253	0.674

図6.4　主成分分析の結果ウィンドウ

　[Component Loadings] は主成分負荷量に関する結果を出力する。[PC1] と [PC2] は第1および第2主成分の主成分負荷量，[Uniqueness] は独自性を表している。

　第1主成分について，本塁打と打点，二塁打の主成分負荷量が正，三塁打と盗塁，犠打の主成分負荷量が負であるため，これらの値を対比させた主成分である。本塁打や打点，二塁打を「破壊力」，三塁打と盗塁，犠打を「機動力」と考えると，第1主成分は「破壊力と機動力の優位さ」と解釈できる。第1主成分の主成分得点について，正であれば「長打力が優位な選手」，負であれば「機動力が優位な選手」，0に近ければ「破壊力と機動力のバランスが取れた選手」と判断できる。

　第2主成分について，値が .35 未満のものもあるが，すべての主成分負荷量が正であるため，「打撃総合力」と解釈できる。第2主成分の主成分得点について，正であれば「打撃総合力が高い選手」，負であれば「打撃総合力が低い選手」と判断できる。

　また，[Component Characteristics] は主成分寄与に関する結果を出力する。[Eigenvalue] は固有値，[Proportion var.] は主成分寄与率，[Cumulative] は累積主成分寄与率を表している。主成分寄与率について，第1主成分は 0.422（42.2%），第2主成分は 0.253（25.3%）である。そして，第2主成分までの累積主成分寄与率は 0.674（67.4%）である†。

6.2.2　結果の書き方

主成分分析の結果で示すべきものは，つぎの通りである。

1）　用いた項目

2）　主成分数の決定法

---

†　永田ほか[1] は累積主成分寄与率が 0.80 を超える主成分数を採用することを提案している。本事例の場合，主因子数を4に設定すると，この基準を満たす。興味がある読者は，[Number of Components] にある [Manual] にチェックをつけ，[Number of components] を4にするとよい。

3） 回転した場合には，用いた回転法

4） 主成分負荷量，主成分寄与率，累積主成分寄与率

5） 主成分の解釈とその根拠

結果の報告例

　2020 年 11 月 9 日現在のプロ野球個人打撃成績から「安打」「二塁打」「三塁打」「本塁打」「打点」「盗塁」「犠打」の 7 項目を抽出し，主成分分析を行った。平行分析を行ったところ，主成分数を 2 にすることが示唆された。そこで，主成分数を 2 に設定したうえで，主成分分析（回転なし）を行った。推定結果を**表 6.2** に記す。

表 6.2 打撃成績の主成分分析結果（$N=53$）

	I	II
安　打	-0.02	0.92
二塁打	0.38	0.77
三塁打	-0.63	0.29
本塁打	0.84	0.11
打　点	0.89	0.19
盗　塁	-0.58	0.43
犠　打	-0.75	0.14

　第 1 主成分は本塁打や打点といった「破壊力」に関する項目の主成分負荷量の値が正に大きく，盗塁や犠打といった「機動力」に関する項目の主成分負荷量が負に大きい。そこで，第 1 主成分を「破壊力と機動力の優位さ」と命名した。第 2 主成分はすべての項目の主成分負荷量が正の値であるため，「打撃総合力」と命名した。

　なお，累積主成分寄与率は 67.4% であった。

──── 章 末 問 題 ────

【1】 主成分分析と探索的因子分析の違いを説明せよ。

【2】 「3 章データ .csv」について主成分分析を行い，結果を報告せよ。

7. データを分類する

データ分析において，データ間の関連だけではなく，特徴が類似した
データを1グループとして類型化することがある。そして，類型ごとの特
徴を分析することで，個人差や個体差を明らかにすることがある。本章で
は，特徴が類似したデータを類型化する方法であるクラスター分析につい
て説明する。

キーワード：階層的・非階層的クラスター分析，デンドログラム，距離，
鎖効果 単調性

●●● 7.1 クラスター分析とは ●●●

特徴が類似した個人（行）や変数（列）のようなデータの集まりのことを**ク
ラスター**（cluster）といい[†]，似た個人や変数をクラスターにまとめる方法を
クラスター分析（cluster analysis）という。例えば，**表7.1**のようにスイーツ
A～Zについて成人100人に好感度を調査したとする。この場合，クラスター
分析によって，好感度が似たスイーツや人を分類することができる。

表7.1　スイーツの好感度に関するデータ

	スイーツA	スイーツB	⋯	スイーツZ
個体1	9	3	⋯	5
個体2	8	6	⋯	1
⋮	⋮	⋮	⋯	⋮
個体100	4	10	⋯	10

クラスター分析は，分類の形式により**階層的クラスター分析**（hierarchical
cluster analysis）と**非階層的クラスター分析**（non-hierarchical cluster analysis）

[†]　もとは，花やぶどうの房のことである。

に分けられる。階層的クラスター分析とは，個体間の距離（＝非類似度[†1]）に基づき，距離の近い個体からクラスターを順次形成する方法である。対して，非階層的クラスター分析とは，あらかじめクラスター数を決めたうえで，個体を指定したクラスター数の集合に分類する方法である。以下では，階層的クラスター分析と非階層的クラスター分析の詳細について説明する。

7.1.1　階層的クラスター分析

階層的クラスター分析は，つぎのステップを踏んで行われる。

〔1〕　**個体間の距離をまとめた距離行列の算出**　　得られたデータから距離を算出したうえで，それらをまとめた距離行列（distance matrix）を求める。距離行列に用いられる距離として，**表7.2**のようなものが代表的である。2021年4月現在，JASPではユークリッド距離とピアソンの相関係数を用いることができる。

表7.2　代表的な個体の距離の例[1)]

距　　離	特　　徴
ユークリッド距離 （Euclidean distance）	三平方の定理により計算される直線的な距離。階層的クラスター分析でよく用いられる。
マンハッタン距離 （Manhattan distance）	京都や札幌のような碁盤の目の移動するときの距離。外れ値に頑健な性質をもつ。
ミンコフスキー距離 （Minkowski distance）	ユークリッド距離などを一般化した距離。
ピアソンの相関係数 （Pearson's correlation coefficient）	個体ではなく変量間の距離として用いられる。
バイナリー距離 （binary distance）	データが2値変数（1 or 0）のときに用いられる。

〔2〕　**クラスターの形成とクラスター数の決定**　　算出した距離行列を基にして，距離が近いものから順にクラスターを形成する[†2]。クラスターの形成方法にはさまざまなものがあるが，JASPで用いることができるものは**表7.3**の

[†1]　似ていない（非類似）ものほど，離れている（距離が大きい）と考える。
[†2]　凝縮型階層的クラスタリングとも呼ばれる。

表7.3　JASPで活用できるクラスターの形成方法[1]

方　法	特　徴
群平均法 group average method	計算時間は長いが，外れ値に強く，「鎖効果」が起きにくい。ウォード法で推定に問題がある場合に用いるとよい。
単連結法 single linkage method	計算時間は短いが，外れ値に弱く，「鎖効果」が起きやすい。
完全連結法 complete linkage method	計算時間は短いが，外れ値に弱く，「鎖効果」が起きやすい。
重心法 centroid method	「ユークリッド距離」を用いる必要がある。「単調性の逸脱」が生じやすいため，あまり使用されない。
メディアン法 median method	重心法を変形したものである。
ウォード法 Ward's method	外れ値に強く，一般的なクラスター形成の方法である。ウォード法では，「ユークリッド距離」を用いるのが一般的である。そのため，距離行列が「ユークリッド距離」である場合は "D2" を用いる必要がある。
ウォード法 Ward's method（D2）	
マクイティ法 McQuitty's method	クラスターを統合したとき，ほかのクラスターからの距離を単純平均で算出する方法。

通りである。表7.3にあるように，基本的にはウォード法を使用し，推定に問題がある場合には群平均法を用いるとよい。

　表7.3にある方法を用いて，クラスターが形成される過程を図示したものを**デンドログラム**（dendrogram）や**樹形図**（tree graph）という。JASPでは**図7.1**のようなデンドログラムが出力される。デンドログラムは縦軸に距離，横軸に個体を等間隔に並べている。デンドログラムを任意の距離で切断すると，

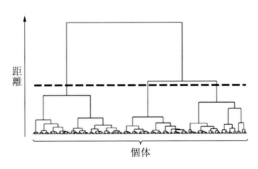

図7.1　デンドログラムの例

個体をクラスターに分けることができる。例えば，図7.1の破線で切断すると，三つのクラスターを得ることができる。階層的クラスター分析ではデンドログラムを任意の距離で切断し，クラスター数を決定することが多い。

　デンドログラムにおいて，**図7.2**(a)のように一つのクラスターに対象が一つずつ追加されてクラスターが形成されることを**鎖効果**（chain effect）という。このような場合，どの距離で切ったとしても，あるクラスターとその他の対象が一つずつで構成されたクラスターに分かれるため，適切な分類がされたといえない。

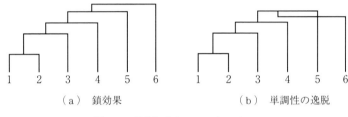

　　　　（a）　鎖効果　　　　　　　　（b）　単調性の逸脱

図7.2　望ましくないデンドログラム

　また，図(b)では1から5を併合した後に6を併合すると距離が減少してしまう。このようなデンドログラムは**単調性を逸脱した**デンドログラムという。単調性を逸脱した場合，クラスター数を決定するにあたり，切断すべき距離を判断するのが難しくなる。

　ところで，自分でデンドログラムを任意の距離で切断しクラスター数を決定しなくとも，JASPではBICやAICといった**情報量規準**や**シルエット係数**（silhouette coefficient）をもとにしてクラスター数を自動的に決定できる[†]。

　情報量規準を参照する場合，エルボー法（elbow method）を用いてクラスター数と情報量規準の関連を可視化することができる。JASPでは，**図7.3**のようなエルボー法による図を出力することができ，情報量規準が最小となるクラスター数を選択することもできる。

　シルエット係数とは，クラスター数の妥当性に関する指標であり，−1から

[†]　このような方法をx-means法という。詳細は，石岡[2]を参照されたい。

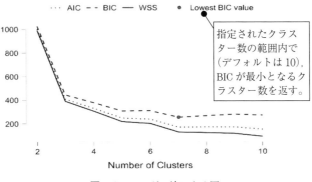

図7.3 エルボー法による図

+1の値をとる。その値が1に近いほど，クラスター内で個体が凝縮しており，かつクラスター間の距離が大きく，妥当な分類ができていると判断する。一方，シルエット係数が負の値である場合には，個体が属するクラスターが誤りである可能性がある。

〔3〕 **各クラスターの特徴の検討** クラスター数が決定した後は，各個体や変数が属するクラスターを割り当てたうえで，各クラスターの特徴を検討する。その際，各クラスターが全体に占める割合や特性値について，比率の差の検定やANOVAを行うことが多い。そして，**図7.4**のような，横軸に変数，縦軸に値を示した**プロフィールダイアグラム**（profile diagram）を示すことが多い。

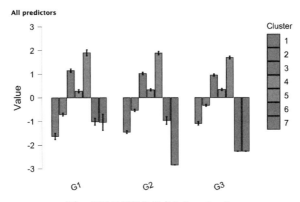

注）縦軸は標準化得点となっている。

図7.4 プロフィールダイアグラムの例

7.1.2 非階層的クラスター分析

非階層的クラスター分析の中でも，代表的な方法である k 平均法（k-means method）について説明する。k 平均法では，事前にクラスター数 k に当てはまる数値を決定する。そのうえで，つぎのアルゴリズムを実行する。

1） k 個のクラスターの中心を与える。

2） クラスターの重心を求め，データを最も近いクラスターに分類する。

3） 新たに形成されたクラスターの重心を求め，データを最も近いクラスターに分類する。

4） データの分類に変化がなくなるまで，上記の流れを繰り返す。

クラスターを形成した後は，階層的クラスター分析と同様に各クラスターの特徴を検討すればよい。

階層的クラスター分析と比べ，k 平均法のような非階層的クラスター分析は事前にクラスター数を決定しているため計算処理が速いという利点がある。それゆえ，対象とする個体数が多い場合や先験的にクラスター数を特定できる場合には非階層的クラスター分析を用いるといいだろう。

7.1.3 クラスター分析の注意点

階層的および非階層的クラスター分析を実施する前に，つぎの3点を確認する必要がある。

〔1〕 **データを標準化したか否か**　距離行列を求めるにあたり，データを標準化したか否かが重要である。標準化していないデータ，つまり測定単位の異なるデータでは，その単位の変化（例：cm → m）により分析結果が異なる。それゆえ，分析結果が異なることを避けたい場合には，事前にデータを標準化するとよい。

〔2〕 **データの次元が多くないか**　高次元データ，つまり扱う変数が大きい場合には，特徴量が多いためにうまく分類ができないという**次元の呪い**

（curse of dimensionality）と呼ばれる問題が生じやすい。それゆえ，高次元データと考えられる場合，主成分分析による次元縮約を行う，あるいは有益と判断される変数のみを選択するとよい。

〔3〕 **クラスター数や各クラスターの特徴は解釈可能なものか** クラスター数や各クラスターの特徴といったクラスター分析の結果は解釈可能なものであるかということである。そもそも，クラスター分析には絶対的な判断基準が存在しない「探索的」な手法である。そのため，結果の解釈可能性や有益さが問われる[†]。

●●● 7.2 階層的クラスター分析の実行 ●●●

本節では JASP で階層的クラスター分析を実行する方法を説明する。

使用するデータは，JASP の Data Library にある College Success の一部を用いたものである（7章データ .csv）。このデータは，224 人の大学生を対象として，つぎの変数を測定したものである。

- gpa：大学春学期の GPA（0〜4）
- hss：高校時代の科学の成績（0〜10）
- hsm：高校時代の数学の成績（0〜10）
- hse：高校時代の英語の成績（0〜10）

ここでは，高校時代の科学，数学，英語の成績により学生を分類することを考える。そして，分類ごとの特徴と大学春学期の GPA について検討する。

7.2.1 メニューの追加

JASP のデフォルトには，階層的クラスター分析を行うメニューがない。そこで，**図 7.5** にある "＋" を選択し，"Machine Learning" にチェックする。

[†] さらに，クラスター分析の結果の一般化可能性を論じるのであれば，（1）分析対象となった個体が母集団を代表することの理由づけ，あるいは（2）ほかの複数サンプルにおけるクラスター分析の結果との比較が必要である。

図7.5　階層的クラスター分析の追加

7.2.2　階層的クラスター分析の実行

［Machine Learning］の Clustering にある［Hierarchical］を選択する。すると，**図7.6** のような分析ウィンドウが出力される。ここでは，分類に用いる hsm と hss，hse を［Variables］に移す。

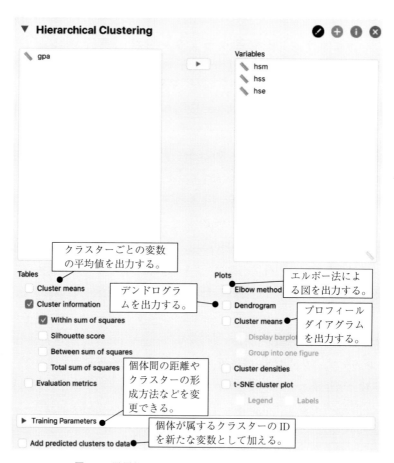

図7.6　階層的クラスター分析の分析ウィンドウ（1）

JASP のデフォルトでは，個体間の距離がユークリッド距離，クラスターの形成方法が群平均法である。ここでは，クラスターの形成方法を "Ward.D2" に変更する。そのため，図7.6 にある［Training Parameters］を選択し，Linkage を "Average" から "Ward.D2" に変更する（**図7.7**）。

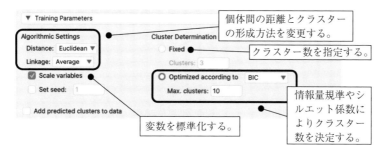

図7.7 階層的クラスター分析の分析ウィンドウ（2）

さらに，エルボー法による図とデンドログラムを出力するために，［Plots］にある［Elbow method］と［Dendrogram］にチェックをつける。すると，**図7.8～図7.10** のような結果が出力される[†1]。

図7.8 では，クラスター数と情報量規準，シルエット係数に関する結果が出力される。［Cluster information］では，それぞれのクラスターに属する個体数が［Size］に記されている。個体数 224 に対して，クラスター 2, 6, 7, 8 は属する個体数が相対的に少ないため，クラスター数を減らしたほうがよいと考えられる[†2]。

Hierarchical Clustering

Clusters	N	R²	AIC	BIC	Silhouette
8	224	0.774	199.330	281.210	0.310

Note. The model is optimized with respect to the *BIC* value.

Cluster Information

Cluster	1	2	3	4	5	6	7	8
Size	67	14	43	38	27	6	12	17
Explained proportion within-cluster heterogeneity	0.124	0.103	0.271	0.177	0.116	0.032	0.045	0.132
Within sum of squares	18.779	15.639	40.989	26.824	17.524	4.887	6.790	19.901

図7.8 階層的クラスター分析の結果ウィンドウ

[†1] JASP のデフォルトに従い，クラスター数は BIC をもとに自動的に算出されたものである。

[†2] クラスターに属する個体数が少ない場合には，特徴を検出できないことや外れ値に引っ張られている可能性がある。

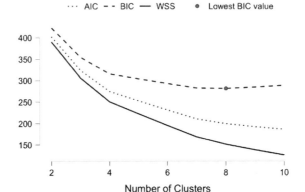

図7.9　エルボー法による図

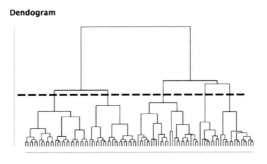

図7.10　デンドログラム

図7.9は，エルボー法による図である。図から，BICを基準とするならクラスター数は8，AICを基準とするならクラスター数は10（以上）が妥当であると判断できるだろう[†1]。

図7.10は，デンドログラムである。クラスターの併合状況や属する個体数を踏まえ，図中の破線の距離で切断し，クラスター数を5にした[†2]。以下では，クラスター数を5に指定したうえで再分析を行う。図7.7にある〔Cluster

---

†1　ただし，情報量規準の観点から妥当なクラスター数であったとしても，有益かつ示唆的な知見が得られるわけではない。

†2　切断する距離をより短く（長く）して，クラスター数を例えば7(3)にすることもできる。このように主観的な判断であるが，重要なのは結果が解釈可能なものであるのか？　有益な知見を導出できるか？　ということである。

Determination］の［Fixed］にチェックをつけ，Clusters を “5” に設定する。すると，**図 7.11** のような結果が出力される。

Hierarchical Clustering

Clusters	N	R²	AIC	BIC	Silhouette
5	224	0.667	252.570	303.750	0.260

Cluster Information

Cluster	1	2	3	4	5
Size	67	37	43	50	27
Explained proportion within-cluster heterogeneity	0.084	0.382	0.184	0.271	0.079
Within sum of squares	18.779	84.953	40.989	60.328	17.524
Silhouette score	0.601	0.035	0.138	0.052	0.326

図 7.11　クラスター数を 5 にした場合の結果

　各クラスターに属する個体数が少なくとも全体の 1 割以上を占めているため，各クラスターの特徴をある程度検出することができるだろう。そこで，プロフィールダイアグラムを出力するために，図 7.6 にある［Plots］の［Cluster means］にチェックをつける。すると，**図 7.12** が出力される。図 7.12 を踏まえると，クラスター 1 から 5 の特徴はつぎのようにまとめられる。

　クラスター 1：すべての成績が高い群

　クラスター 2：すべての成績が低い群

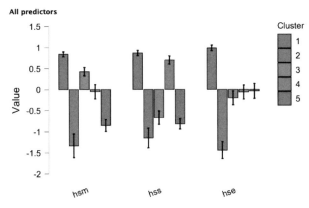

図 7.12　プロフィールダイアグラム

クラスター3：数学の成績が中程度で，ほかの成績が低い群

クラスター4：科学の成績が高いが，ほかの成績が低い群

クラスター5：英語成績が中程度で，ほかの成績が低い群

7.2.3　得られたクラスターの特徴の検討

得られたクラスターの特徴を検討するために，各個体が属するクラスターを示す変数を出力する。図7.6にある［Add predicted clusters to data］にチェックをつけ，"cluster"を名付ける。そして，クラスターを独立変数，hsm と hss，hse，gpa を従属変数とした分散分析を行うと[†1]，**表**7.4の結果が得られる[†2]。

表7.4　分散分析の結果

		Cl1	Cl2	Cl3	Cl4	Cl5	$F(4, 219)$	η^2	多重比較
数学の	M	9.70	6.14	9.02	8.24	6.93	94.08	0.63^*	2<5<4<3<1
成　績	SD	0.46	1.70	0.64	1.21	0.73			
科学の	M	9.57	6.14	6.95	9.28	6.70	142.97	0.72^*	2<3=5<1=4
成　績	SD	0.53	1.46	1.07	0.70	0.67			
英語の	M	9.58	5.92	7.79	8.00	8.04	100.22	0.65^*	2<3=4=5<1
成　績	SD	0.50	1.12	0.99	1.09	0.85			
GPA	M	3.06	2.13	2.65	2.72	2.09	15.73	0.22^*	2=5<3=4<1
	SD	0.57	0.87	0.67	0.79	0.57			

注）　Cl はクラスターを意味している。
*：$p<.001$

表7.4より，GPA についてはクラスター1が最も高く，3と4が中程度，2と5が低いことが示された。この結果を踏まえると，高校時代にひとまず数学や科学をできるようにしておくことが大学の GPA を高くするうえで重要であると示唆されるだろう。このように，有益な示唆を得ることができれば，用いたクラスター数で（ひとまず）良しとするのである。一方，クラスターの解釈可能性や有益な示唆が得られない場合，クラスター数を変更して再度クラスター分析を行う必要がある。このことは，非階層的クラスター分析も同様である。

---

†1　JASP での分散分析の方法については，清水ほか[3]を参照されたい。
†2　多重比較法には，Holm 法を用いた。

7.2.4 結果の書き方

階層的クラスター分析の結果で示すべきものは，つぎの通りである。

1) 用いた距離とクラスターの形成方法

2) 採用したクラスター数とその理由（デンドログラムや解釈可能性など）

3) 各クラスターの命名

4) 各クラスターの特徴　プロフィールダイアグラムまたは表7.4のような平均値や標準偏差をまとめた表，分散分析の結果など。

結果の報告例

224人の大学生を高校時代の「数学の成績」「科学の成績」「英語の成績」の観点から階層的クラスター分析（ウォード法・平方ユークリッド距離）を用いて類型化した。デンドログラムと解釈可能性から，5クラスター解を採用した。各クラスターにおける高校時代の「数学の成績」「科学の成績」「英語の成績」の平均値を標準化したものを図7.12に記す。

クラスター1（$N=67$）はすべての平均値が最も高かったため，「成績高群」と命名した。対して，クラスター2（$N=37$）はすべての平均値が最も低かったため，「成績低群」と命名した。クラスター4（$N=50$）は科学の成績は高いが，数学と英語の成績が相対的に低いため「科学高群」と命名した。クラスター3（$N=37$）とクラスター5（$N=27$）は，それぞれ数学と英語の成績が中程度であるが，ほかの成績が相対的に低いため「数学中群」，「英語中群」と命名した。

つぎに，類型間での大学春学期のGPAの差異を検討するために，クラスターを独立変数，GPAを従属変数とした一元配置分散分析を行った。各クラスターにおけるGPAの平均値と標準偏差を**表7.5**に記す。

表7.5　各クラスターにおけるGPAの平均値と標準偏差

		成績高群	成績低群	数学中群	科学高群	英語中群
GPA	M	3.06	2.13	2.65	2.72	2.09
	SD	0.57	0.87	0.67	0.79	0.57

分散分析の結果，クラスター間の平均値差は0.1％水準で有意であった（$F(4, 219) = 15.73$, $p < .001$, $\eta^2 = 0.22$）。そこで，Holm法による多重比較を行ったところ，成績高群のGPAが最も有意に高く，数学中群と科学高群は成績低群と英語中群より有意にGPAが高いことが示された。

●●● 7.3　非階層的クラスター分析の実行　●●●

本節では JASP で非階層的クラスター分析を実行する方法を説明する。

階層的クラスター分析で用いたデータを k 平均法による非階層的クラスター分析するとどのように分類されるかを見ていく。

7.3.1　非階層的クラスター分析の実行とクラスターの特徴の検討

［Machine Learning］の Clustering にある［K-Means Clustering］を選択する。すると，**図 7.13** のような分析ウィンドウが出力される。

階層的クラスター分析と同様に，JASP のデフォルトでは BIC をもとにクラ

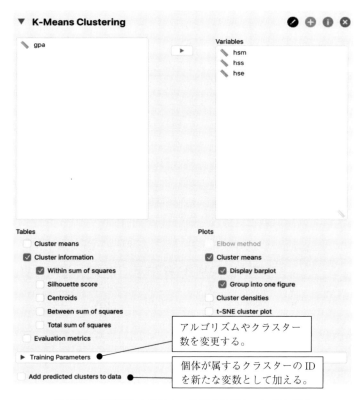

図 7.13　非階層的クラスター分析の分析ウィンドウ（1）

スター数が決定される。ここでは，階層的クラスター分析との比較を兼ねて，クラスター数を5に指定する。そのために，図7.13にある［Training Parameters］を選択し，**図7.14**のような分析ウィンドウを出力する。そして，図7.14にある［Cluster Determination］の［Fixed］にチェックをつけ，Clusters を "5" に設定する。合わせて，図7.13にある［Plots］の［Cluster means］にチェックをつけると，**図7.15**のような結果が出力される。

　図7.15のプロフィールダイアグラムを踏まえると，クラスター1から5の

図7.14　非階層的クラスター分析の分析ウィンドウ（2）

Cluster Information

Cluster	1	2	3	4	5
Size	43	81	30	44	26
Explained proportion within-cluster heterogeneity	0.233	0.201	0.229	0.165	0.172
Within sum of squares	44.821	38.564	43.990	31.766	33.062

Cluster Mean Plots

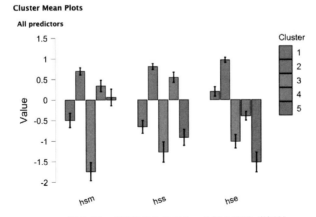

図7.15　非階層的クラスター分析の結果（抜粋）

特徴はつぎのようにまとめられる。

　クラスター1：英語の成績が中程度で，ほかの成績が低い群（英語中群）

　クラスター2：すべての成績が高い群（成績高群）

　クラスター3：すべての成績が低い群（成績低群）

　クラスター4：数学と科学の成績が高いが，英語の成績が低い群（数学・科学高群）

　クラスター5：数学の成績が中程度で，ほかの成績が低い群（数学中群）

　階層的クラスター分析と比較すると，各クラスターに属する個体数が異なるだけではなく，クラスター4のような特徴の異なる群が抽出されたといえる。

　階層的クラスター分析と同様に，各クラスターにおける GPA の平均値と標準偏差を求めると，**表7.6**のようになる。

表7.6　各クラスターにおける GPA の平均値と標準偏差

		英語中群	成績高群	成績低群	数学・科学高群	数学中群
GPA	M	2.42	2.92	2.15	2.85	2.30
	SD	0.68	0.72	0.79	0.63	0.86

　クラスターを独立変数，GPA を従属変数とした分散分析を行うと 0.1% 水準で有意である（$F(4, 219) = 9.85$, $p < .001$, $\eta^2 = 0.15$）。Holm 法による多重比較を行うと，成績高群と数学・科学高群の GPA はほかの群よりも有意に高いことが示される。このように，同じクラスター数を指定しても，階層的・非階層的クラスター分析で得られる結果は異なるのである。

　なお，非階層的クラスター分析では，はじめに k 個のクラスターの中心を与えるが（7.1.2項参照），JASP では中心がランダムに決定されるので，同じクラスター数を指定しても，結果の出力が分析ごとに異なる。

7.3.2　結果の書き方

非階層的クラスター分析の結果で示すべきものは，つぎの通りである。

1）　採用したクラスター数とその理由（情報量規準やシルエット係数，解釈可能性，先行研究に基づいたなど）

2）　各クラスターの命名

3）　各クラスターの特徴　プロフィールダイアグラムまたは表7.6のような平均値や標準偏差をまとめた表，分散分析の結果など。

結果の報告例

　224人の大学生を高校時代の「数学の成績」「科学の成績」「英語の成績」の観点からk平均法による非階層的クラスター分析を用いて類型化した。解釈可能性から，5クラスター解を採用した[†1]。各クラスターにおける高校時代の「数学の成績」「科学の成績」「英語の成績」の平均値を標準化したものを図7.15に記す。

　…（以下は，階層的クラスター分析と同様の説明となるので省略する）

———— **章　末　問　題** ————

【1】　階層的クラスター分析と非階層的クラスター分析の違いを説明せよ。

【2】　「7章演習データ.csv」は成人500人のパーソナリティ（big five）を測定したものである[†2]。neuroticism（神経症傾向：心配症で，うろたえやすいなど）と extraversion（外向性：活発で，外向的であるなど），openness（開放性：新しいことが好きなど），agreeableness（協調性：人に気を使うなど），conscientiousness（誠実性：しっかりしているなど）の観点から対象者を類型化し，類型ごとの特徴を検討せよ。

---

†1　ほかの理由として，例えば「クラスター数を2〜10まで設定して分析した結果，5クラスター解の場合に一定の解釈が可能であった。そこで，本研究では5クラスター解を採用した」などがあり得る。

†2　JASPのデータセットに含まれているものである。

8. あるデータの影響を取り除いて平均値を比較する

　異なる教授法を3グループに実施し，テストの得点を比較することで，その効果は検証できようか。たとえ平均点に差があったとしても，そもそも3グループの間には能力や意欲に差があったのかもしれない。そのため，能力や意欲の影響を考慮したうえで，テストの得点を比較することが望ましい。本章では，あるデータの影響を考慮したうえで平均値を比較する方法である**共分散分析**について説明する。

　キーワード：分散分析，共分散分析，共変量

●●● 8.1　分散分析とは ●●●

　まず，共分散分析の前提となる**分散分析**（analysis of variance：ANOVA）について確認しよう。本章の導入で記した教授法の例のように，3グループ以上の平均値に差があるかを検討する方法が分散分析である。平均値の差を検討するのに，なぜ「分散」分析なのか。それは，全体の平均と各グループの平均値の散らばりにより平均値に差があるかを検討するからである（**図8.1**）。

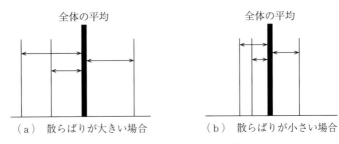

図8.1　分散分析のイメージ[1]

　分散分析では，三つのデータの散らばりに着目する。一つ目は，全体の平均からの各データの散らばりで，**全体平方和**（総変動）と呼ばれる。二つ目は，

全体の平均からの各グループの平均の散らばりで，**群間平方和**（群間変動）と呼ばれる。三つ目は，各グループの平均からの各データの散らばりで，**群内平方和**（誤差変動）と呼ばれる。全体平方和は「データ全体の散らばり」，群間平方和は「群の違い（ある要因）によるデータの散らばり」，群内平方和は「他の要因や偶然によるデータの散らばり」と考えればよい。

この三つの散らばりの関係は式 (8.1) と**図 8.2** のようになる。

全体平方和 ＝ 群間平方和 ＋ 群内平方和   (8.1)

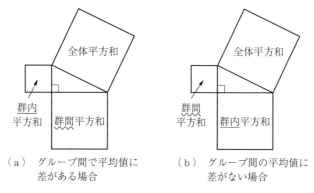

（a）　グループ間で平均値に
　　　差がある場合

（b）　グループ間の平均値に
　　　差がない場合

図 8.2　分散分析における散らばりのイメージ

図 (a) のように，群間平方和が大きくなるとグループ間で平均値の値に差が出てくる。

分散分析では，グループの違いが平均値の差をつくる**要因**（factor）と考える。つまり，グループの違いを**独立変数**とみなす。一方，要因から影響を受ける変数のことを**従属変数**という。本章の導入で記した教授法の例では，教授法の違いが独立変数，テストの得点が従属変数となる。

A 組や B 組のような要因の取りうる値を**水準**（class）という。A 組から D 組のテストの平均点を比較するように，異なる水準に異なる人を割り当てた要因のことを**被験者間要因**（between-subjects factor）という。また，同じ人の 1 か月ごとの体重を比較するように，異なる水準に同じ人を割り当てた要因のことを**被験者内要因**（within-subjects factor）という。被験者間要因と被験者

内要因の両方が含まれたものは**混合要因**（mixed factor）と呼ばれる。

　分散分析では，要因が一つであるとは限らない。要因が二つ以上の場合，要因の組合せにより従属変数に影響を与えることがある。この要因の組合せの効果のことを**交互作用**（interaction）という。例えば，**図8.3**は容姿と財力に交互作用があることを示す。なお，要因単体の効果を**主効果**（main effect）という。

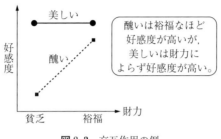

図8.3　交互作用の例

　分散分析の結果は，**図8.4**のような分散分析表により表示される。2列目以降が表すものは，つぎの通りである。

ANOVA – Attractiveness

Cases	Sum of Squares	df	Mean Square	F	p
FaceType	21.333	1	21.333	10.082	0.003
Residuals	97.333	46	2.116		

Note. Type III Sum of Squares

図8.4　分散分析表

- [Sum of Squares]：平方和を出力している。Residualsの行の値が群内平方和となる。その上の行にあるFaceTypeの値は，この場合の群間平方和となる。
- [df]：**自由度**と呼ばれる値である。結果を報告するときに用いるため，確認する必要がある。
- [Mean Square]：**平均平方**と呼ばれる値で，平方和を自由度で割ったものである。分散分析の検定統計量である F 値の算出に用いる。

- [F]：分散分析の検定統計量である F 値である。群間平均平方を群内平均平方で割ったものである。
- [p]：p 値である。自由度と F 値により計算される。この場合は，$F(1, 46)$ =10.082，$p<.01$ と表すことができる。

●●● 8.2　共分散分析とは ●●●

　この章の導入に記した教授法の例について考えよう。異なる教授法を三つのグループに実施し，テストの得点を測定したが，そもそも3グループ間で意欲が異なっていたとする。このとき，テストの得点の差は教授法の違いによるものとはいい切れなくなってしまう。そこで，意欲を測定・考慮したうえで教授法がテストの得点に及ぼす影響を検討する必要がある。

　このように，分散分析，すなわちグループ間で平均値の差を比較するときにほかの変数の影響を考慮した分析を**共分散分析**（Analysis of covariance：ANCOVA）という。意欲のように，従属変数への影響を考慮した変数のことを**共変量**（covariate）あるいは**統制変数**（control variable）と呼ぶ。なお，共変量の影響を考慮したうえで算出された従属変数の平均値を**推定周辺平均**（estimated marginal means）という。

　分散分析と同様に，共分散分析ではつぎの二つの帰無仮説を F 検定により検証する。

　1）　独立変数や共変量の主効果がない

　2）　独立変数や共変量の交互作用がない

　1）と2）では独立変数や共変量が従属変数に与える影響の大きさがわからない。そこで，その影響の大きさを示す**効果量**（effect size）を算出する。JASPではつぎの効果量を算出できる。

〔1〕　η^2（**イータ2乗**）　　（群間平方和）/（全体平方和）で求められる。ある要因により従属変数の散らばりを説明できる割合を意味する。分母が全体平方和なので，$0 \leqq \eta^2 \leqq 1$ である。

〔2〕　η_p^2（**偏イータ2乗**）　　ほかの要因の影響を考慮したうえで，ある一

つの独立変数の効果を算出した効果量である†。η^2とは異なる効果量である。

〔3〕 ω^2（**オメガ2乗**） η^2とη_p^2は母集団における推定値が不正確である。母集団におけるより正確な推定値として，ω^2がある。サンプルサイズが小さいときに頑健な値である。ただし，被験者間要因かつ各水準のサンプルサイズが等しいときにしか使用できない。

効果量の基準は**表8.1**である。結果を報告するときは，どの効果量を報告しているのかを明示する必要がある。特に，η^2とη_p^2を誤って報告することは避けなければならない。

表8.1 効果量 η^2, η_p^2, ω^2 の基準[2]

効果量	わずかな効果 (trivial)	小さな効果 (small)	中程度の効果 (medium)	大きい効果 (large)
η^2	.10 未満	.10 以上	.25 以上	.37 以上
η_p^2 ω^2	.01 未満	.01 以上	.06 以上	.14 以上

F検定の結果から主効果が認められる場合，従属変数に与える影響がどのグループ間で異なるかを検証するために，**事後分析**（post hoc analysis）として**多重比較**（multiple comparison）を行う。JASP では**表8.2**に示す多重比較法を用いることができる。

また，2要因以上の共分散分析において交互作用が認められる場合，他の要因における水準別の主効果である**単純主効果**（simple main effect）を検討する。

共分散分析では，分析を行う前につぎの四つの前提条件を満たしているか確認する必要がある。なお，1）と2）の条件は分散分析の前提条件と同様である。

1） すべてのグループが正規性を有する   Q-Q プロットにより確認する。**図8.5**のように，直線上に点がある場合は正規性を有すると判断する。

2） すべてのグループの分散が等しい   **均一性検定**（homogeneity tests）により確認する。結果が有意である場合，すべてのグループの分散は等しくな

---

† （ある要因の平方和）/｜（ある要因の平方和）＋（群内平方和）｜ で求められる。

表8.2　JASP で使用できる多重比較法[1),3)]

多重比較法	正規性を有する	等分散性を有する	その他の特徴
Tukey	Yes	Yes	各群のサンプルサイズが異なる場合，Tukey-Kramer 法という。
Scheffe	Yes	Yes	分散分析が有意な場合のみ用いる。
Bonferroni	Any	Yes	5群以上になると，検出力が低くなる。
Holm	Any	Yes	Bonferroni法の問題点を改良したもの。
Sidak	Yes	Yes	Bonferroni法の問題点を改良したもの。
Games-Howell	Yes	No	Welch 検定のロジックを用いた方法。各群のサンプルサイズが等しい場合に用いる。
Dunnett	Yes	No	関心のある特定の群とほかの群を比較するときに用いる。
Dunn	No	No	ノンパラメトリックな方法。

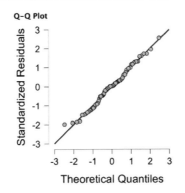

図8.5　正規性がある場合の Q-Q プロット

いとみなす。その場合は，ノンパラメトリックな方法である**クラスカル・ウォリス法**（Kruskal-Wallis test）を用いる。

　3）　共変量は従属変数に影響を与える（回帰係数の有意性）　　取り上げる変数が共変量として考慮する必要があるかを確認する。確認方法として，共変量が従属変数に及ぼす影響の大きさ（**回帰係数**）が有意であるかを確認する。有意でない場合，共変量として用いることは不適切と判断する。

　4）　共変量と従属変数の関連はグループ間で等しい（回帰直線の平行性）
図8.6のように回帰係数の大きさ（直線の傾き）がグループ間で等しいかを確

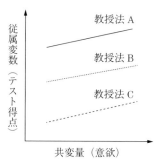

図 8.6 回帰直線の平行性

認する。独立変数と共変量の交互作用項の検定により確かめる。交互作用が有意である場合，共変量として用いることは不適切と判断する。

●●● 8.3 共分散分析の実行 ●●●

本節では JASP で共分散分析を実行する方法を説明する。

使用するデータは，異なる数学の教授法を 3 クラス（A，B，C）に実施し，テストの得点を測定したものである（8 章データ .csv）。調査にあたり，共変量として意欲を測定している。なお，ここでは有意水準を慣例に従い 5% と設定する。

8.3.1 前提条件の確認

まず，共分散分析の前提条件を確認する。メニューから

[ANOVA]
→ [ANCOVA]

を選択する。すると，**図 8.7** のような分析ウィンドウが出力される。従属変数である test を [Dependent Variable]，独立変数である class を [Fixed Factors]，共変量である motivation を [Covariates] に移す。ここから，1～4 の前提条件を確認する。効果量を算出するために，[Estimates of effect size] をチェックする。

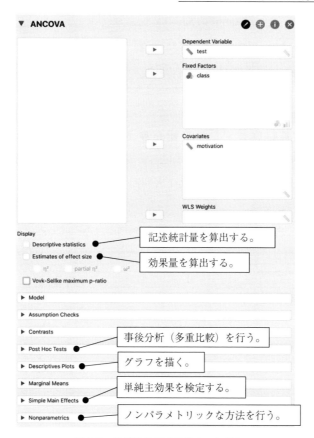

図 8.7　共分散分析の分析ウィンドウ

〔1〕　**すべてのグループが正規性を有するか**　　図 8.7 の分析ウィンドウに
ある［Assumption Checks］を選択し，［Q-Q plot of residuals］をチェックす
る。すると，図 8.5 のような Q-Q プロットが出力される。

〔2〕　**すべてのグループの分散が等しいか**　　図 8.7 の分析ウィンドウにあ
る［Assumption Checks］を選択し，［Homogeneity tests］をチェックする。
すると，**図 8.8** のような結果が出力される。$p = .172$ と有意ではないため，分
散が等しいと判断する。

Assumption Checks ▼

Test for Equality of Variances (Levene's)

F	df1	df2	p
1.801	2.000	72.000	0.172

図8.8 等分散性の検定

〔3〕 **共変量は従属変数に影響を与えるか**   Results に出力された
[ANCOVA-score]（**図8.9**）で，motivation は $p<.001$ で有意である。そのた
め，共変量は従属変数に影響を与えると判断する。

ANCOVA – test ▼

Cases	Sum of Squares	df	Mean Square	F	p	η²
class	1487.010	2	743.505	36.728	< .001	0.457
motivation	330.548	1	330.548	16.329	< .001	0.102
Residuals	1437.292	71	20.244			

Note. Type III Sum of Squares

図8.9 共変量が従属変数に与える影響の確認

〔4〕 **共変量と従属変数の関連はグループ間で等しいか**   図8.7の分析
ウィンドウにある [Model] を選択する。そして，[Components] にある class
と motivation の両方を指定して [Model Terms] に移すと，**図8.10** のような
結果が出力される。交互作用項 class＊motivation は $p=.388$ と有意ではないた
め，共変量と従属変数の関連はグループ間で等しいと判断する。

ANCOVA – test ▼

Cases	Sum of Squares	df	Mean Square	F	p	η²
class	4.985	2	2.493	0.123	0.884	0.003
motivation	310.324	1	310.324	15.312	< .001	0.177
class ＊ motivation	38.858	2	19.429	0.959	0.388	0.022
Residuals	1398.434	69	20.267			

Note. Type III Sum of Squares

図8.10 共変量と従属変数の関連がグループ間で等しいかの確認

8.3.2 共分散分析の実行

前提条件の確認を終えたところで，［Model］の［Model Terms］から交互作用項 class＊motivation を取り除く。すると，図 8.9 のような共分散分析の結果が得られる。class は $p<.001$ であるから，意欲を共変量として考慮したとき教授法によりテストの平均点が異なることが示された。また，教授法の効果量が $\eta^2 = .457$ であり，表 8.1 から大きい効果量と判断できる。

教授法の主効果が認められたので，事後分析として多重比較を行う。図 8.7 の分析ウィンドウにある［Post Hoc Tests］を選択し，class を右のボックスに移す。そして，水準間の平均値の差の効果量を出力する［Effect size］，多重比較の方法として［Tukey］を選択すると，**図 8.11** のような結果が出力される。

Post Hoc Tests ▼

Standard

Post Hoc Comparisons – class

		Mean Difference	SE	t	Cohen's d	p_{tukey}
A	B	−0.020	1.278	−0.016	−0.004	1.000
	C	10.297	1.383	7.448	2.182	< .001
B	C	10.317	1.342	7.687	2.218	< .001

Note. Cohen's d does not correct for multiple comparisons.
Note. P-value adjusted for comparing a family of 3

図 8.11　多重比較の結果

多重比較の結果，A–C 間と B–C 間は $p<.001$ であり，平均値に 0.1％水準で有意差が認められた。さらに，平均値の差である［Mean Difference］が，A–C 間では 10.297，B–C 間では 10.317 であるため，C のテストの平均点は A と B よりも有意に低かったと判断できる。また，効果量である［Cohen's d］が，A–C 間では 2.182，B–C 間では 2.218 であるため，その差は大きいといえる。

能力の影響を考慮したうえでのテスト得点の推定周辺平均を算出するには，［Marginal Means］を選択し，class を右のボックスに移す。すると，**図 8.12** のような結果が出力される。**図 8.13** に示す意欲を考慮していない平均値とは異なる値になっていることがわかる。

Marginal Means

Marginal Means – class

class	Marginal Mean	95% CI for Mean Difference		SE
		Lower	Upper	
A	86.279	84.433	88.125	0.926
B	86.299	84.493	88.105	0.906
C	75.982	74.076	77.888	0.956

図8.12　推定周辺平均値

Descriptives

Descriptives – test

class	Mean	SD	N
A	87.160	5.513	25
B	86.720	5.397	25
C	74.680	3.761	25

図8.13　意欲を考慮していない
テストの得点の平均値

8.3.3　結果の書き方

共分散分析の結果で示すべきものは，つぎの通りである。

1）　回帰係数の有意性と平行性の検定結果

2）　F値，df（自由度），p値，効果量

3）　多重比較の方法と結果

4）　（紙幅がある場合は）周辺推定平均や図8.9のような結果

結果の報告例

　異なる三つの教授法（A，B，C）をそれぞれ25人の学生に行い，数学のテスト得点が異なるかを調査した。意欲を共変量とした共分散分析を行うために，前提条件である回帰直線の有意性と平行性を検討したところ，どちらの条件とも確認された。そこで，意欲を共変量，教授法を独立変数，テスト得点を従属変数とした共分散分析を行った。その結果，教授法間でのテスト得点の平均値差は0.1％水準で有意であり，効果量は大きい値であった（$F(2, 71) = 36.73$，$p<.001$，$\eta^2 = .46$）。さらに，Tukey法による多重比較を行ったところ，BとCはAよりもテスト得点の平均が0.1％水準で有意に高いことが示された（それぞれ，$d = 2.18, p<.001$；$d = 2.22, p<.001$）。

●●● 補足 : 共分散分析をしないと… ●●●

本章で扱ったデータを意欲の影響を考慮せずに分散分析を行うと，**図8.14**の結果が得られる。この場合，効果量の値は $\eta^2 = .587$ であり，共分散分析のときの値より大きくなってしまう。本章の例では，分散分析だと独立変数が従属変数に与える影響を過大推定していたといえるだろう[1]。

ANOVA - test

Cases	Sum of Squares	df	Mean Square	F	p	η^2	η_p^2
class	2507.547	2	1253.773	51.063	< .001	0.587	0.587
Residuals	1767.840	72	24.553				

Note. Type III Sum of Squares

図8.14　意欲を考慮しない場合の分散分析の結果

―――― 章 末 問 題 ――――

【1】 共分散分析とはどのような分析か説明せよ。

【2】 共分散分析を行う前提条件を答えよ。

【3】 「8章演習データ.csv」は，32の車に関するトランスミッションの種類（am：1＝自動，0＝手動）と車の馬力（hp：単位はHP），燃費（mpg：単位はMPG）のデータである[2]。車の馬力を共変量としたうえで，トランスミッションの種類により燃費が異なるか否かを検討せよ。

---

†1　逆に影響を過小推定してしまうこともある。
†2　Rに組み込まれたデータセットであるmtcarsを抜粋した。

9. データを説明・予測する: 階層的重回帰分析

　学習意欲の影響を考慮したうえで，不安が成績に与える影響を明らかにするには重回帰分析を用いればいいと考える人が多いだろう。しかし，学習意欲と不安を独立変数として同時に投入してしまうと，不安にどの程度の影響力があるかは定かではない。さらに，「学習意欲が高い場合は不安と成績に関連が認められない」というような組合せ（交互作用）の効果も考えられるだろう。本章では，以上の問題を検討する手法として階層的重回帰分析を説明する。

　キーワード：階層的重回帰分析，交互作用，調整効果，単純傾斜分析

●●● 9.1 回帰分析とは ●●●

　階層的回帰分析を扱う前に，**回帰分析**（regression analysis）について復習しよう。回帰分析について理解している人は，読み飛ばして構わない。

　回帰分析とは，相関係数を用いて「一方の変数から他方の変数を説明・予測する」手法である。説明・予測する変数を**説明変数**や**独立変数**，説明・予測される変数を**被説明変数**や**従属変数**という。

　例えば，回帰分析により「築年数」と「面積」がアパートの「家賃」に及ぼす影響を明らかにできる。この場合，「築年数」と「面積」が独立変数，「家賃」が従属変数となる（**図 9.1**）。なお，独立変数が一つの場合を**単回帰分析**，

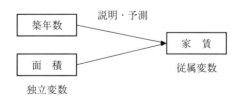

図 9.1　回帰分析の例

二つ以上の場合を**重回帰分析**と呼ぶ。

　回帰分析では，従属変数と独立変数とも比率あるいは間隔尺度だけではなく名義尺度のデータを扱うこともできる。特に，従属変数は2値の名義尺度である場合は**ロジスティック回帰分析**（logistic regression analysis）と呼ばれる（10章参照）。

9.1.1　回帰分析の方法

　回帰分析では，独立変数と従属変数の関係を**回帰モデル**で表現する。例えば，築年数でアパートの家賃を説明・予測する場合は

$$（家賃の実測値）= a + b ×（築年数）+（誤差） \tag{9.1}$$

という**単回帰モデル**を用いる。式 (9.1) において，$a + b ×（築年数）$の部分を**単回帰式**といい，「家賃の予測値」を意味する。そのため，式 (9.1) は

$$（家賃の実測値）=（家賃の予測値）+（誤差） \tag{9.2}$$

$$（家賃の実測値）-（家賃の予測値）=（誤差） \tag{9.3}$$

のようになる。式 (9.3) から，**誤差**[†]は家賃の「実測値と予測値のずれ」といえる。この誤差が最小となるような a と b を求めるのが回帰分析である。

　単回帰式：$a + b ×（築年数）$は1次関数 $y = a + bx$ と同様の形である。そのため，a は**切片**（intercept），b は直線の傾きとなる。そのため，b は「独立変数（築年数）が1単位変化したときの従属変数（家賃）の変化」と考えることができる。なお，回帰分析では b を**回帰係数**（regression coefficient）という。

　重回帰分析は単回帰分析の応用である。例えば，築年数と面積でアパートの家賃を予測する場合は

$$（家賃の実測値）= a + b_1 ×（築年数）+ b_2 ×（面積）+（誤差） \tag{9.4}$$

という重回帰モデルを用いる。単回帰モデルと同様に，誤差が最小となるような a と b_1, b_2 を求める。なお，$a + b_1 ×（築年数）+ b_2 ×（面積）$の部分を**重回帰式**といい，単回帰分析と同様に「家賃の予測値」を意味する。

[†]　**残差**（residual）ともいう。

重回帰モデルにおける回帰係数は**偏回帰係数**（partial regression coefficient：B）と呼ばれ，単回帰モデルにおける回帰係数とは意味が異なる。偏回帰係数は「ほかの独立変数を一定にしたうえで，その独立変数が1単位変化したときの従属変数の変化」と考える。例えば，式（9.4）の重回帰式について

$$（家賃の予測値〔万円〕）= 3.500 - 0.094 \times （築年数〔年〕）+ 0.097$$
$$\times （面積〔m^2〕） \qquad (9.5)$$

が得られたとする。この場合，「築年数を一定にしたうえで，面積が$1\,m^2$大きくなると家賃は0.097万円高くなる」と考える。

式（9.5）のように，築年数と面積では単位が異なるため，-0.094と0.097という偏回帰係数をそのまま比較することができない。そこで，従属変数とすべての独立変数の平均を0，分散を1に**標準化**する。このときの偏回帰係数を**標準化偏回帰係数**（standardized partial regression coefficient：β）といい，絶対値が1に近いほど影響が大きいと考える。なお，標準化偏回帰係数は「ほかの独立変数を一定にしたうえで，その独立変数が1標準偏差変化したときの従属変数の変化」を表している。

9.1.2　回帰分析の結果

本項では，JASPのデフォルトで出力される回帰分析の結果について説明する。階層的重回帰分析においても，同様の見方をする。

〔1〕　**Model Summary**　　求めた回帰モデルの当てはまりのよさを示すものである（**図9.2**）。デフォルトでは，ModelにあるH_0は独立変数を投入していないモデル，H_1は独立変数を投入したモデルとなっている。Model以外の出力はつぎのことを意味する。

Model Summary - rent

Model	R	R^2	Adjusted R^2	RMSE
H_0	0.000	0.000	0.000	1.681
H_1	0.951	0.905	0.897	0.538

図9.2　Model Summary

- [R]：従属変数の予測値と実測値の相関係数であり，**重相関係数**という。
- [R^2]：重相関係数を2乗したものであり，**決定係数**あるいは**寄与率**という。この値は，独立変数全体で従属変数をどのくらい説明できるかを示す。図9.2の場合は，独立変数により従属変数の90.5%を説明できる。
- [Adjusted R^2]：独立変数の個数を考慮した決定係数であり，**自由度調整済み決定係数**という。重回帰分析のときに用いる。
- [RMSE]：回帰モデルの誤差を評価する指標であり，2乗平均平方根誤差（root mean squared error）という。値が大きいほど，誤差が大きい。

〔2〕　**ANOVA**　　Model Summary で出力される決定係数に関する有意性検定（分散分析：ANOVA）の結果である（**図9.3**）。有意であれば，決定係数が有効と判断する。

ANOVA

Model		Sum of Squares	df	Mean Square	F	p
H$_1$	Regression	74.108	2	37.054	127.913	< .001
	Residual	7.821	27	0.290		
	Total	81.930	29			

Note. The intercept model is omitted, as no meaningful information can be shown.

図9.3　ANOVA

- [Sum of Squares]：異なる3種類の分散のことであり，**平方和**と呼ばれる。Regression の段は従属変数の予測値の分散であり，**回帰平方和**という。Residual の段は誤差の分散であり，**残差平方和**という。[Total] の段は従属変数の実測値の分散であり，**全体平方和**という†。
- [df]：それぞれの平方和の自由度
- [Mean Square]：平方和を自由度で割ったものであり，**平均平方**という。
- [F]：検定統計量の F 値である。[Regression] の平均平方を [Residual] の平均平方で割った値である。自由度は（[Regression] の [df]，[Total] の [df]）となる。この場合では，$F(2, 29) = 127.913$ となる。
- [p]：p 値

---

†　回帰平方和を全体平方和で割った値が決定係数となる。

〔3〕　**Coefficients**　　回帰係数の有意性検定（t 検定）の結果である（**図 9**.4）。有意であれば，回帰係数が 0 ではないと判断する。

- ●［Unstandardized］：標準化されていない（偏）回帰係数の値
- ●［Standard Error］：（偏）回帰係数の標準誤差
- ●［Standardized］：標準化（偏）回帰係数の値
- ●［t］：検定統計量の t 値
- ●［p］：p 値

Coefficients

Model		Unstandardized	Standard Error	Standardized	t	p
H_0	(Intercept)	5.497	0.307		17.912	< .001
H_1	(Intercept)	4.772	0.300		15.918	< .001
	year	−0.094	0.008	−0.679	−11.159	< .001
	area	0.097	0.011	0.538	8.853	< .001

図 9.4　Coefficients

9.1.3　回帰分析の注意点

回帰分析を実施する前に，つぎの四つの条件を確認する必要がある。特に，〔2〕は階層的重回帰分析において重要である。

〔1〕　**サンプルサイズが「独立変数の数×10」以上あるか**

〔2〕　**独立変数間に多重共線性がないか**　　独立変数間に非常に強い相関関係が認められる場合，偏回帰係数の推定が不安定になる。このことを**多重共線性**（multicollinearity）という。多重共線性は**許容度**[1]（tolerance）と **VIF**[2]（variance inflation factor）により判断する。許容度が .10 以下，VIF が 10 以上のとき，多重共線性が生じていると判断することが多い[3]。その場合，許容度が .10 以下，VIF が 10 以上の変数を除外するか，相関の強い二つの変数の平均値などの合成得点を用いることで対処する。

---

[1]　許容度はある独立変数を従属変数として，ほかの独立変数から予測した場合に得られる決定係数の値を 1 から引いたものである。

[2]　VIF は許容度の逆数である。つまり，VIF＝1／許容度である。

[3]　VIF は 2 未満であることが望ましいとされる。

〔3〕 **残差は正規性を有するか** 分散分析と同様に，Q-Qプロットにより判断する。

〔4〕 **残差は独立性を有するか** Durbin-Watson比により判断する。Durbin-Watson比が2前後であるときは独立性を有すると，1未満または3以上のときは独立性を有さないと判断することが多い。

●●● 9.2 階層的重回帰分析とは ●●●

階層的重回帰分析（hierarchical multiple regression analysis）とは，回帰分析をいくつかのstepに分けて実行し，追加したstepにより説明力が増したのかを検討する手法である。stepの追加により決定係数の増分（増加した量）が（統計学的に）「有意」であれば，そのstepは説明・予測において重要であると判断する。

例えば，成績を説明するのにあたり，step 1で学習意欲，step 2で不安を投入することを考える（**図9.5**）。step 1とstep 2を比較することで

1） 学習意欲の程度を一定にしたうえで，不安が成績に及ぼす影響

2） 成績の説明における不安の重要性

を判断できる。

（a） step 1 （b） step 2

図9.5 階層的重回帰分析の例

図9.5の例のように，階層的重回帰分析を行うと**図9.6**のような結果が出力される。[H_0] はstep 1，[H_1] はstep 2の結果であり，[R² Change] が決定係数の増分，[F Change] 以降の列は決定係数の増分に関する検定結果を示す。この場合，不安による決定係数の増分は0.009（0.9%）である。$F(1, 221) = 2.533$，$p = 0.113$から，不安による決定係数の増分は有意ではなく，成績の説

Model	R	R²	Adjusted R²	RMSE	R² Change	F Change	df1	df2	p
H₀	0.438	0.192	0.188	7.020	0.192	52.704	1	222	< .001
H₁	0.448	0.201	0.194	6.996	0.009	2.533	1	221	0.113

Note. Null model includes motivation

図9.6　階層的重回帰分析における決定係数の増分の検定

明において不安は重要ではないと判断する。

なお，step 1 にも［R² Change］とその検定結果がある。これは，独立変数がないモデルからの決定係数の増分を検定している。

9.2.1　交互作用の検討

学習意欲の影響を考慮した場合，不安が成績に与える影響は認められなかった。しかし，「学習意欲が低い場合は不安と成績に関連が認められる」というような変数の組合せの効果がありうるだろう。これを学習意欲と不安の**交互作用**（interaction）効果という。

先の例は，「不安と成績の関連は学習意欲によって異なる」ということであり，**図9.7**のように表せる。図9.7を踏まえると，<u>不安が成績に与える影響（回帰係数）に学習意欲が影響を与える</u>と考えることができる。このように，変数間の関係の強さに影響を与えることを**調整効果**（moderated effect），影響を与える変数を**調整変数**（moderator）という[†]。

図9.7の交互作用は

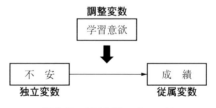

図9.7　交互作用のイメージ

[†]　学習意欲を調整変数とした場合，不安は独立変数あるいは焦点変数と呼ぶ。以上から，交互作用効果は調整効果と呼ばれることがある。2変数のうち，どちらが調整変数，独立変数であるかは統計解析では区別できない。そのため，<u>先行研究や理論に基づいて調整変数と独立変数を設定する</u>必要がある。

$$（成績の実測値）= a + b_1 \times （学習意欲）+ b_2 \times （不安）$$

$$+ b_3 \times （学習意欲）\times （不安）+ （誤差）\qquad (9.6)$$

という回帰モデルにより検討する。このモデルについて（不安）でくくると

$$（成績の実測値）= a + b_1 \times （学習意欲）$$

$$+ \{b_2 + b_3 \times （学習意欲）\} \times （不安）+ （誤差）\qquad (9.7)$$

となる。この式から，$\{b_2 + b_3 \times （学習意欲）\}$ は不安の偏回帰係数で，学習意欲によりその値が変わることがわかる。そのため，（学習意欲）×（不安）という二つの変数の積を投入することで交互作用を明らかにできる。

二つの変数の積をそのまま用いると，もとの独立変数と強い相関が認められるため，多重共線性が生じてしまう。そのため，交互作用を検討する場合には，独立変数の得点からその平均値を引くという**中心化**（centering）の処理を施す。

表9.1 に中心化前後の相関係数をまとめた。左下半分が中心化前，右上半分が中心化後の相関係数である。学習意欲と不安の相関係数は中心化前後で変化していないが，交互作用との相関係数は小さくなっている。表9.1 の例のように，中心化の処理を施すことで交互作用との相関係数が小さくなり，多重共線性の恐れは低くなる。

表9.1　中心化前後の相関係数

	学習意欲	不　安	交互作用
学習意欲		0.576	−0.397
不　安	0.576		−0.294
交互作用	0.864	0.895	

中心化後

中心化前

9.2.2　単純傾斜分析

交互作用が有意であった場合，具体的にどのような効果が認められたのかを検討するために**単純傾斜分析**（simple slope analysis）を行う。単純傾斜とは回帰係数[†]のことであり，調整変数の高群（平均＋1×標準偏差）と低群（平均−1

[†] 「単回帰分析では回帰係数が直線の傾きとなるので，単純傾斜と呼ぶ」と考えればよい。

×標準偏差）の回帰係数を検討するのが単純傾斜分析である[†1]。

　単純傾斜分析を行うには，中心化した調整変数に1×標準偏差を加えたデータと引いたデータを作成する。そして，調整変数高群の単純傾斜を求めるために，中心化した調整変数の代わりに1×標準偏差を引いたデータを用いて重回帰分析を行う[†2]。さらに，調整変数低群の単純傾斜を求めるために，中心化した調整変数の代わりに1×標準偏差を足したデータを用いて重回帰分析を行う。

　調整変数高群と低群で重回帰分析を行った結果，独立変数の偏回帰係数として出力された値がそれぞれ単純傾斜となる。そして，単純傾斜の有意性をもって交互作用の詳細を示す。

●●● 9.3　階層的回帰分析の実行 ●●●

　JASP で階層的回帰分析により交互作用を検討する方法を説明する。

　使用するデータは，224名の学習意欲（motivation）と不安（anxiety），成績（test）を測定したものである。ここでは，学習意欲を調整変数としたうえで，不安と成績の関連を検討する。なお，有意水準は慣習に従い，5％に設定する。

9.3.1　変数の中心化

　まず，学習意欲と不安を中心化する。それぞれ中心化したものを motivation_c と anxiety_c と名付けたうえで，"motivation−mean（motivation）"と"anxiety−mean（anxiety）"とするとよい。

9.3.2　階層的回帰分析の実行

〔1〕　交互作用の投入　　［Regression］の［Linear Regression］を選択し，［Dependent Variable］に従属変数である test，［Covariates］に中心化した調整

[†1]　Aiken & West[1]) 以来，高・低群の基準として平均±1×標準偏差が慣習的に用いられている。

[†2]　$y=x$ を x 軸方向に $+a$ したグラフは $y=(x-a)$ になることと同様である。

変数と独立変数の motivation_c と anxiety_c を投入する。

　交互作用を投入するには，［Model］の［Components］にある motivation_c と anxiety_c の両方を指定して［Model Terms］に移す（**図9.8**）。

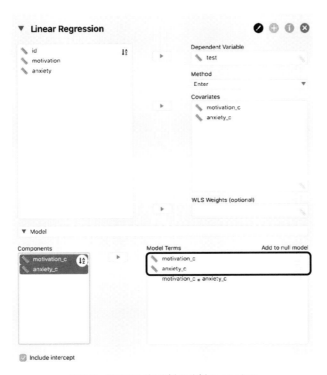

図9.8　階層的回帰分析の分析ウィンドウ

〔2〕　**階層的回帰分析の実行**　　階層的回帰分析により交互作用を検討する場合は，step 1で独立変数と調整変数，step 2で step 1に交互作用を加えたものを設定することが多い。これを実行するには，図9.8で囲った箇所にチェックを付けるとよい。

　また，［Statistics］にある［R squared change］と［Collinearity diagnostics］，［Durbin-Watson］，および［Plots］にある［Q-Q plot standardized residuals］にもチェックを付ける。これらにチェックをつけることで，つぎのことを確認できる。

- ［R squared change］：決定係数の増分と検定結果
- ［Collinearity］：許容度と VIF
- ［Durbin-Watson］：Durbin-Watson 比。値は Statistic に返される
- ［Q-Q plot standardized residuals］：Q-Q プロット

以上の手順を実行すると，**図 9.9〜図 9.11** の結果が出力される。

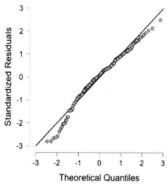

図 9.9　Q-Q プロット

Model Summary - test

Model	R	R^2	Adjusted R^2	RMSE	R^2 Change	F Change	df1	df2	p	Durbin-Watson Autocorrelation	Statistic	p
H_0	0.448	0.201	0.194	6.996	0.201	27.801	2	221	< .001	0.107	1.783	0.101
H_1	0.474	0.224	0.214	6.908	0.023	6.647	1	220	0.011	0.111	1.776	0.090

Note. Null model includes motivation_c, anxiety_c

図 9.10　決定係数の増分の検定結果

Coefficients

Model		Unstandardized	Standard Error	Standardized	t	p	Collinearity Statistics Tolerance	VIF
H_0	(Intercept)	26.415	0.467		56.514	< .001		
	motivation_c	1.762	0.350	0.371	5.040	< .001	0.669	1.496
	anxiety_c	0.536	0.337	0.117	1.592	0.113	0.669	1.496
H_1	(Intercept)	25.788	0.522		49.429	< .001		
	motivation_c	2.033	0.361	0.428	5.634	< .001	0.612	1.634
	anxiety_c	0.611	0.334	0.133	1.830	0.069	0.664	1.507
	motivation_c＊anxiety_c	0.393	0.152	0.167	2.578	0.011	0.836	1.196

図 9.11　偏回帰係数の検定結果

図 9.9 の Q-Q プロットから，点がほぼ直線上にあるため残差が正規性を有すると判断できる。

図 9.10 の Model Summary の結果から，学習意欲と不安の交互作用による決定係数の増分は 0.023（2.3%）で，$F(1, 220) = 6.647$，$p = 0.011$ から 5%水準で有意といえる。つまり，成績を説明するうえで，学習意欲と不安の交互作用は重要であると判断できる。また，step 2 の決定係数は 0.224，自由度調整済み決定係数は 0.214 である。なお，[H₁] の [Durbin-Watson] 比は 1.776 であるため，残差は独立性を有すると判断する。

交互作用の結果は，図 9.11 の [Coefficients] の結果のうち [motivation_c ＊anxiety_c] の段を見る。[motivation_c＊anxiety_c] の標準化されていない偏回帰係数が 0.393，$p = 0.011$ であるため，学習意欲と不安の交互作用は 5%水準で有意といえる。また，[Tolerance] と [VIF] の値とも一般的な基準を満たしているため，多重共線性は発生していないと判断する。

9.3.3 単純傾斜分析の実行

〔1〕 **高・低群の作成** 調整変数である学習意欲の高・低群を作成する。高・低群をそれぞれ motivation_h と motivation_l と名付けたうえで，"motivation_c-σ motivation_c" と "motivation_c＋σ motivation_c" とする（**図 9.12**）。

図 9.12 調整変数の高・低群の作成

〔2〕 **単純傾斜分析の実行** 単純傾斜分析は，調整変数に先ほど作成した高・低群それぞれを投入して，階層的回帰分析と同様に行う。高・低群の結果は，それぞれ**図 9.13**，**図 9.14** のようになる。

Coefficients ▼

Model		Unstandardized	Standard Error	Standardized	t	p	Collinearity Statistics Tolerance	VIF
H_0	(Intercept)	29.303	0.739		39.631	< .001		
	anxiety_c	0.536	0.337	0.117	1.592	0.113	0.669	1.496
	motivation_h	1.762	0.350	0.371	5.040	< .001	0.669	1.496
H_1	(Intercept)	29.120	0.734		39.697	< .001		
	anxiety_c	1.255	0.434	0.274	2.891	0.004	0.393	2.544
	motivation_h	2.033	0.361	0.428	5.634	< .001	0.612	1.634
	anxiety_c∗motivation_h	0.393	0.152	0.248	2.578	0.011	0.381	2.627

図 9.13　学習意欲高群の単純傾斜分析の結果

Coefficients

Model		Unstandardized	Standard Error	Standardized	t	p	Collinearity Statistics Tolerance	VIF
H_0	(Intercept)	23.527	0.739		31.820	< .001		
	anxiety_c	0.536	0.337	0.117	1.592	0.113	0.669	1.496
	motivation_l	1.762	0.350	0.371	5.040	< .001	0.669	1.496
H_1	(Intercept)	22.456	0.840		26.731	< .001		
	anxiety_c	−0.032	0.399	−0.007	−0.081	0.935	0.464	2.153
	motivation_l	2.033	0.361	0.428	5.634	< .001	0.612	1.634
	anxiety_c∗motivation_l	0.393	0.152	0.184	2.578	0.011	0.690	1.448

図 9.14　学習意欲低群の単純傾斜分析の結果

　分析の結果を比較すると，〔Intercept〕と〔anxiety_c〕以外の結果は高・低群とも図 9.11 と同じになる。高群の結果を見ると，〔anxiety_c〕の標準化されていない偏回帰係数が 1.255, $p = 0.004$ である。この結果は，学習意欲が高い場合には不安と成績の間には正の関連があることを示している。一方，低群の結果を見ると，〔anxiety_c〕の標準化されていない偏回帰係数が −0.032, $p = 0.935$ である。この結果は，学習意欲が低い場合には不安と成績の間には関連が認められないことを示している。

　〔3〕　**単縦傾斜分析の結果の図示**　　単純傾斜分析では，得られた高・低群の切片と標準化されていない偏回帰係数の値を用いて結果を図示することが多い。**図 9.15** のように Excel に入力し，折れ線グラフで表すことが一般的である（**図 9.16**）。

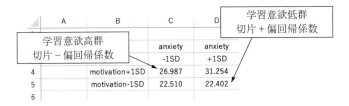

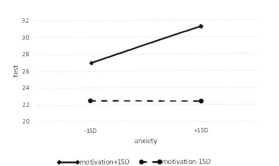

図 9.15　折れ線グラフの作成（Excel への入力）

図 9.16　単純傾斜分析の結果の図示

9.3.4　結果の書き方

階層的回帰分析の結果で示すべきものは，つぎの通りである。

1)　偏回帰係数（B）と標準誤差（SEB），標準化偏回帰係数（β）

2)　VIF，決定係数（R^2），交互作用による決定係数の増分（ΔR^2）

3)　交互作用が有意な場合，単純傾斜分析の結果（余白があればグラフも）

結果の報告例

　成績に対する，学習意欲と不安，交互作用の影響を検討するために重回帰分析を行った。具体的には，成績を従属変数とし，step 1 に学習意欲と不安，step 2 に学習意欲と不安の交互作用を独立変数として階層的重回帰分析を行った。結果を**表 9.2**に記す。

　分析の結果，step 2 における決定係数の増分は 5% 水準で有意であり（$\Delta R^2 = .02$, $F(1, 220) = 6.65$, $p < .05$），成績に対する学習意欲と不安の交互作用も 5% 水準で有意であった（$B = 0.39$, $\beta = .17$, $p < .05$）。

表9.2　階層的重回帰分析の結果

	B	SEB	β	VIF
step1				
学習意欲	1.76	0.35	.37**	1.50
不安	0.54	0.34	.12	1.50
$R^2 = .19^{**}$				
step2				
学習意欲	2.03	0.36	.43**	1.63
不安	0.61	0.33	.13	1.51
学習意欲×不安	0.39	0.15	.17*	1.20
$R^2 = .21^{**}$				
$\Delta R^2 = .02^*$				

*：$p<.05$　**：$p<.01$

　交互作用が有意であったため，その詳細を検討するために単純傾斜分析を行った。具体的には，学習意欲の得点が平均±1標準偏差である場合の不安得点にかかる偏回帰係数を算出した。その結果，学習意欲が高い場合には不安と成績の間に1％水準で有意な正の関連が認められた（$B＝1.26$，$\beta＝.27$，$p<.01$）。一方，学習意欲が低い場合には不安と成績の間に有意な関連が認められなかった（$B＝-0.03$，$\beta＝-.01$，$p<.94$）。

────── 章　末　問　題 ──────

　「9章演習データ.csv」は，成人82人の単純性（simplicity）と運命論（fatalism），うつ気質（depression）を測定したものである。うつ気質を従属変数，単純性を調整変数，運命論を独立変数として階層的重回帰分析を行い，結果を報告せよ。

10. 2値データを予測・説明する

データを予測・説明する場合は回帰分析を用いればいいことは，本書をここまで読めばわかるだろう。本書がここまで説明してきた回帰分析は，「従属変数が連続変数」であることを前提としているため，「はい／いいえ」のような2値データをそのまま従属変数として用いることはできない。本章では，このような2値データが従属変数のときに用いるロジスティック回帰分析について説明する。

キーワード：一般化線形モデル，線形予測子，リンク関数，確率分布，ロジスティック回帰分析，オッズ比，疑似決定係数

●●● 10.1 一般化線形モデルとは ●●●

これまで説明してきた回帰分析は，従属変数の分布が**正規分布**（normal distribution）であると想定したうえで

（従属変数の実測値）

$$= a + b_1 \times （独立変数 1） + \cdots + b_n \times （独立変数 n） + （誤差） \qquad (10.1)$$

のような回帰モデルを用いて，a と b を求めてきた。このモデルは，右辺が a と b，独立変数の和と積の形（線形）で表されるため，**線形モデル**（Linear model）と呼ばれる。なお，右辺のうち誤差以外の部分を**線形予測子**という。

しかし，データが1か0の2値であることや飛び飛びの値（離散値）であることのように，従属変数が正規分布になる（と想定できる）とは限らない。

そこで，「従属変数の分布が正規分布である」という前提条件を見直し，正規分布以外も取り扱おうとする線形モデルを考えるのである。このようなモデルを**一般化線形モデル**（generalized linear model）という。

10.1.1　一般化線形モデル

一般化線形モデルを式で表すと，つぎのようになる。

f(従属変数の実測値)

$$= a + b_1 \times (独立変数 1) + \cdots b_n \times (独立変数 n) + (誤差) \qquad (10.2)$$

この式と式（10.1）との明確な違いは，（従属変数の実測値）に f がついている
ことである。この f は線形予測子と従属変数の実測値を対応づけるルール（関
数）であり，**リンク関数**あるいは連結関数と呼ばれる。

　一般化線形モデルは，リンク関数を含めた三つの要素の組合せを指定するこ
とで，より柔軟にデータを予測・説明しようとするものである。

　1）　線形予測子：独立変数の線形結合

　2）　確率分布：従属変数が従う（と考えられる）確率分布

　3）　リンク関数：線形予測子と従属変数の実測値を対応づけるルール（関数）

以下では，確率分布とリンク関数について解説する。

10.1.2　確　率　分　布

　一般化線形モデルによる分析にあたっては，従属変数がどのようなデータで
ある（と考えられる）かを踏まえて，その確率分布を決定する。どのような
データかを検討するにあたっては

　1）　従属変数は連続データか離散データか？

　2）　従属変数の範囲は？

　3）　従属変数の標本平均と標本分散の関係は？

に注意するといい[1]。以下では，代表的な確率分布として

　ポアソン分布（Poisson distribution）

　二項分布（binomial distribution）

　正規分布（normal distribution）

　ガンマ分布（gamma distribution）

について説明する。

〔1〕　ポアソン分布（図10.1）

・離散データ

・範囲は0以上で，上限はない

・平均と分散がほぼ等しい

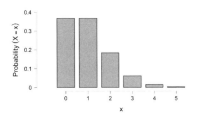

図10.1　ポアソン分布のグラフの例

〔2〕　二項分布（図10.2）

・離散データ

・範囲は0以上で，上限はある

・分散は平均の関数である

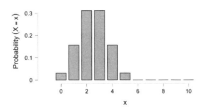

図10.2　二項分布のグラフの例

〔3〕　正規分布（図10.3）

・連続データ

・範囲は $[-\infty, +\infty]$

・平均に関して左右対称

・分散と平均は無関係

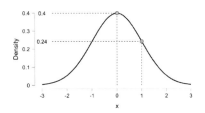

図10.3　正規分布のグラフの例

〔4〕　ガンマ分布（図10.4）

・連続データ

・範囲は0以上で，上限はない

・分散は平均の関数である

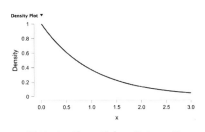

図10.4　ガンマ分布のグラフの例

10.1.3　リ ン ク 関 数

　例えば，従属変数が1か0の2値のみを範囲とするデータだとする。この場合，確率分布として二項分布を設定するといいだろう。しかし

$$（従属変数の実測値）=a+b_1\times（独立変数）+（誤差）\tag{10.3}$$

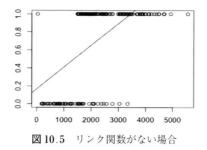

図 10.5　リンク関数がない場合

のような線形モデルで考えてしまうと，**図 10.5** の直線のように線形予測子の
取りうる範囲は $[-\infty, +\infty]$ になってしまう。つまり，従属変数が本来取り
得ない 0 未満や 1 より大きいにも及んでしまう。そこで

$$\log \frac{(\text{従属変数が}1\text{になる確率})}{1-(\text{従属変数が}1\text{になる確率})} = a + b \times (\text{独立変数}) \tag{10.4}$$

のような，自然対数（log）をリンク関数とする。すると，**図 10.6** の曲線のよ
うに線形予測子の取りうる範囲は 0 から 1 となり，図 10.5 よりも「まともな」
分析といえるだろう。

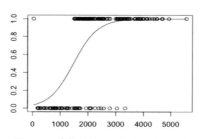

図 10.6　自然対数がリンク関数の場合

　一般的に，確率分布が決まればリンク関数も自動的に決まることが多く（**表
10.1**），JASP の分析においてもサポートされている。

表 10.1　確率分布とリンク関数の代表的な組合せ[1]

確率分布	リンク関数	名　称
二項分布	logit	ロジスティック回帰分析
ポアソン分布	log	ポアソン回帰分析
ガンマ分布	log など	ガンマ回帰分析
正規分布	identity[注]	（世間一般の）回帰分析

注）　従属変数そのままの値を用いる。

●●● 10.2　ロジスティック回帰分析とは ●●●

　ここまでの話を踏まえて,「はい/いいえ」のような2値データを従属変数とした**ロジスティック回帰分析**（logistic regression analysis）について説明する。表10.1にあるように,ロジスティック回帰分析とは確率分布として二項分布,リンク関数としてlogit（ロジット関数）を設定した一般化線形モデルによる分析である。

　ロジット関数とは式 (10.4) の左辺のことであり

$$\text{logit}（従属変数が1となる確率）= \log \frac{（従属変数が1になる確率）}{1-（従属変数が1になる確率）}$$

$$(10.5)$$

と表される。ロジット関数の逆関数[†1]がロジスティック関数であり

$$\text{logistic}(x) = \frac{1}{1+\exp(-x)} \tag{10.6}$$

と表される[†2]。ここで,式 (10.4) と式 (10.5) から

$$\text{logit}（従属変数が1となる確率）= a+b\times（独立変数） \tag{10.7}$$

が得られる。式 (10.6) の考えを用いて,式 (10.7) の逆関数を考えると

$$（従属変数が1となる確率）= \frac{1}{1+\exp[-\{a+b\times（独立変数）\}]} \tag{10.8}$$

が得られる。この式をロジスティック回帰モデルといい,これを用いて a と b を推定するのがロジスティック回帰分析である。

10.2.1　ロジスティック回帰分析における切片と回帰係数

　まず,切片の解釈について説明しよう。**図10.7**は $b=1$ に固定したときに,切片の値を変化させたものである。図のように,切片の値が大きくなると曲線は左に移動する。すなわち,切片の値が大きくなると,独立変数が小さい値のときに従属変数が1になる確率に近づくのである。

---

†1　$f(g(x))=x$ となるような関数 $f()$ のこと。
†2　$\exp(x)$ とは e^x のことである。

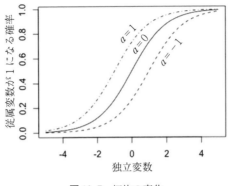

図10.7　切片の変化

　つぎに，回帰係数の解釈について説明しよう。**図10.8** は $a=0$ に固定した
ときに，回帰係数の値を変化させたものである。図のように，回帰係数が正の
場合には，その値が大きいほど従属変数が１になる確率が高くなる。一方，回
帰係数が負の場合には，その値が大きいほど従属変数が１になる確率が低くな
る。また，回帰係数が０の場合には，その値によって従属変数が１になる確率
は変わらない。それゆえ，回帰係数の絶対値が大きい場合には，その独立変数
は従属変数の予測・説明に役立つ変数であると考える。

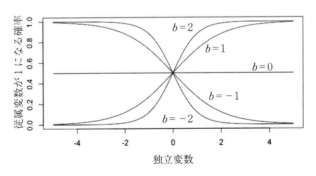

図10.8　回帰係数の変化

10.2.2　オッズ・オッズ比による回帰係数の解釈

ロジスティック回帰分析では，**オッズ**（odds）・**オッズ比**（odds ratio）によ

り回帰係数を解釈することが多い。オッズとは「あることが起こる確率は起きない確率の何倍であるか」を表す指標であり

$$Odds = \frac{(\text{従属変数が1になる確率})}{1-(\text{従属変数が1になる確率})} \qquad (10.9)$$

と表される。これを式 (10.4) に当てはめると

$$\log(Odds) = a + b \times (\text{独立変数}) \qquad (10.10)$$

となる。自然対数の定義式[†1]から

$$Odds = \exp\{a + b \times (\text{独立変数})\}$$

$$Odds = \exp(a) \times \exp\{b \times (\text{独立変数})\}$$

となる[†2]。独立変数の値を0とすると，式 (10.10) は

$$Odds = \exp(a) \qquad (10.11)$$

となるため，切片を指数変換した値は「独立変数が0であるとき，従属変数の値が1となるオッズ」を意味する。

また，独立変数を $+1$ したときのオッズを $Odds^*$ とすると

$$\frac{Odds^*}{Odds} = \frac{\exp(a) \times \exp\{b \times (\text{独立変数}+1)\}}{\exp(a) \times \exp\{b \times (\text{独立変数})\}}$$

$$= \frac{\exp\{b \times (\text{独立変数})\} \times \exp(b)}{\exp\{b \times (\text{独立変数})\}}$$

$$= \exp(b) \qquad (10.12)$$

となる。よって，独立変数を指数変換した値は「独立変数が1増加したとき，従属変数が1となるオッズが何倍となるか」を意味する。式 (10.12) の左辺はオッズに関する比であるため，**オッズ比**と呼ばれる。独立変数が二つ以上ある場合は，重回帰分析と同様に「ほかの独立変数の値を一定にしたうえで」という制約がオッズ比に課せられる。

10.2.3 ロジスティック回帰分析の評価

ロジスティック回帰分析では，線形モデルによる回帰分析とは異なる指標に

[†1] $\log x = a$ は $x = e^a$ すなわち $x = \exp(a)$ となる。

[†2] $e^{a+b} = e^a \times e^b$ より $\exp(a+b) = \exp(a)\exp(b)$ となる。

より分析の評価を行う。代表的な指標はつぎの通りである。

〔1〕　**逸脱度**（deviance）　　モデルのデータへの当てはまり（以下，モデルの当てはまり）の「悪さ」の指標で，値が大きいほど当てはまりが悪いと考える。

〔2〕　**情報量規準**　　モデルの予測の良さを重視する指標である。**AIC**（Akaike's information criterion）と **BIC**（Bayesian information criterion）が代表的である。これらの値が小さいほど良いモデルであると判断する。

〔3〕　**疑似決定係数**（pseudo-R^2）　　ロジスティック回帰分析では決定係数を求めることができない。そこで，尤度から算出した疑似決定係数をモデルの当てはまりの「良さ」の指標として用いることがある。代表的なものとして，McFadden R^2 や Nagelkerke R^2 がある。

〔4〕　**AUC**（area of under the curve）　　予測・説明の精度の「良さ」の指標であり，0.5から1までの値をとる。値が1に近いほど，精度が良いことを示す。一般的な AUC の基準は**表10.2**の通りであり，少なくとも0.7以上であることが望ましいと考えられている。

表10.2　AUC の基準[2]

AUC の範囲	評　価
0.9以上	きわめて良い
0.8以上0.9未満	非常に良い
0.7以上0.8未満	受け入れてよい
0.6以上0.7未満	受け入れがたい
0.5程度	ほぼ意味なし

表10.3　混合行列

	予測値＝0	予測値＝1
実測値＝0	a	b
実測値＝1	c	d

〔5〕　**正確度**（accuracy）　　JASP では**表10.3**のような**混合行列**（confusion matrix）を算出できる。この混合行列から，予測の的中率である正確度を求めることができる。正確度はつぎの式で求めることができる。

$$\frac{a+d}{a+b+c+d} \tag{10.13}$$

〔6〕　**感度**（sensitivity）　　実測値＝1のうち予測値＝1が占める割合であ

る。つぎの式で求めることができる。

$$\frac{d}{c+d} \tag{10.14}$$

〔**7**〕 **特異度**（specificity）　実測値＝0のうち予測値＝0が占める割合である。つぎの式で求めることができる。

$$\frac{a}{a+b} \tag{10.15}$$

〔**8**〕 **精度**（precision）　予測値＝1のうち実測値＝1が占める割合である。つぎの式で求めることができる。

$$\frac{d}{b+d} \tag{10.16}$$

10.2.4　ロジスティック回帰分析の注意点

ロジスティック回帰分析を実施する前に，つぎの三つの条件を確認しておく必要がある。1）と2）は7章で説明した回帰分析と同様である。

1）　サンプルサイズが「独立変数の数×10」以上あるか

2）　独立変数間に多重共線性がないか

3）　従属変数が名義尺度あるいは順序尺度であるか

●●● 10.3　ロジスティック回帰分析の実行 ●●●

本節ではJASPでロジスティック回帰分析を実施する方法を説明する。

使用するデータは，タイタニック号の乗客のチケットの階級（class：1stから3rdまでで，数値が小さいほうが高等）と年齢（Age：歳），性別（Sex），生死（Survived：1が生存，0が死亡）をまとめたものである。ここでは，チケットの階級と年齢，性別が生死を予測・説明するかを検討する。

10.3.1　ロジスティック回帰分析の実行

メニューから

［Regression］
→［Logistic Regression］

を選択する。すると，**図10.9**のような分析ウィンドウが出力される。従属変数である Survived を［Dependent Variable］，独立変数のうち比率データである Age を［Covariates］，名義データである Class と Sex を［Factors］に移す。

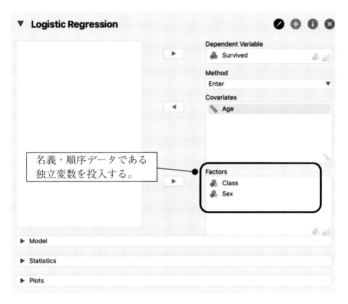

図10.9　ロジスティック回帰分析の分析ウィンドウ（１）

さらに，オッズ比やロジスティック回帰分析の評価に係る指標を出力するために，［Statistics］を選択し以下のものをチェックする（**図10.10**）。

- ［Odds ratios］：オッズ比を出力する。
- ［Confidence intervals］：回帰係数の信頼区間を出力する。
- ［Confusion matrix］：混合行列を出力する。
- ［Performance Metrics］にある［AUC］，［Sensitivity／Recall］，［Specificity］，
- ［Precision］

以上の手順を踏まえると，［Model Summary］には**図10.11**のような結果が

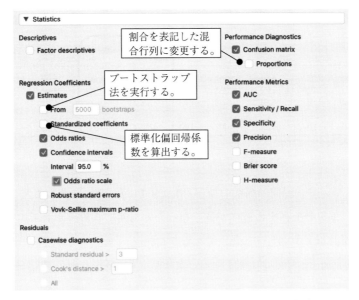

図 10.10 ロジスティック回帰分析の分析ウィンドウ（2）

Model Summary - Survived										
Model	Deviance	AIC	BIC	df	X^2	p	McFadden R^2	Nagelkerke R^2	Tjur R^2	Cox & Snell R^2
H_0	1025.573	1027.573	1032.201	755						
H_1	695.141	705.141	728.281	751	330.432	< .001	0.322	0.477	0.394	0.354

図 10.11 ロジスティック回帰分析の結果（1）

出力される。このうち，χ^2 と p は独立変数を設定しなかったモデルと設定したモデルのどちらがデータに当てはまっているのかを検定した結果を示している[†]。$\chi^2 = 330.432$，$p < .001$ と 0.1％水準で有意であることは，H_1 すなわち独立変数を設定したモデルのほうがデータに当てはまっていることを意味する。

　[Coefficients] には**図 10.12** のような結果が出力される。このうち，[Estimate] は切片と偏回帰係数，[Standard Error] には [Estimate] の標準誤差，[Odds Ratio] にはオッズ比，[95% Confidence interval] にはオッズ比の 95％信頼区間を意味する。また，[Wald Test] は [Estimate] の値が 0 か否かを検定しているもので，有意であれば [Estimate] の値が 0 ではないと判断する。

　[†]　**尤度比検定**という。詳細は久保[1] を参照されたい。

Coefficients

	Estimate	Standard Error	Odds Ratio	z	Wald Test			95% Confidence interval (odds ratio scale)	
					Wald Statistic	df	p	Lower bound	Upper bound
(Intercept)	3.760	0.398	42.934	9.457	89.429	1	< .001	19.697	93.586
Age	−0.039	0.008	0.962	−5.144	26.459	1	< .001	0.947	0.976
Class (2nd)	−1.292	0.260	0.275	−4.968	24.677	1	< .001	0.165	0.457
Class (3rd)	−2.521	0.277	0.080	−9.114	83.063	1	< .001	0.047	0.138
Sex (male)	−2.631	0.202	0.072	−13.058	170.524	1	< .001	0.048	0.107

Note. Survived level '1' coded as class 1.

図 10.12　ロジスティック回帰分析の結果（2）

Age について，偏回帰係数の値が−0.039 で，$p <$ .001 であることから，年齢が高くなると生存する確率が低くなったと判断できる。オッズ比が 0.962（95％信頼区間：0.947〜0.976）であることから，「チケットの階級や性別を一定にしたうえで，年齢が 1 歳上がると生存するオッズが 0.962 倍」になることが読み取れる。

class の結果は注意が必要である。図 10.12 にある結果は，チケットの階級が 1st を基準とし比較したうえで，2nd と 3rd では生存したのか否かを示している。例えば，Class（2nd）について，偏回帰係数の値が−1.292 で，$p <$ .001 であることは，1st に比べ 2nd の人のほうが生存する確率が低かったことを意味する（3rd も同様）。

Sex の結果は Class と同様に読み取ればよい。Sex（male）の偏回帰係数の値が−2.631 で，$p <$ .001 であることは，女性に比べ男性の生存する確率が低かったことを意味する。

また，モデルの予測精度に関する結果は**図 10.13** のような［Confusion matrix］と**図 10.14** のような［Performance metrics］に出力される。

Confusion matrix

Observed	Predicted	
	0	1
0	372	71
1	91	222

図 10.13　混合行列

Performance metrics

	Value
AUC	0.853
Sensitivity	0.709
Specificity	0.840
Precision	0.758

図 10.14　モデルの予測精度

図 10.13 について，[Observed] は実測値，[Predicted] は予測値を示している。それゆえ，正しく生存と予測された人が 222 人いることや誤って死亡と予測された人が 91 人いることがわかる。

図 10.14 から，AUC の値は 0.853 であり，表 10.2 の基準に従うと中程度の精度であることがわかる。また，感度が 0.709（70.9%），特異度が 0.840（84%），精度が 0.758（75.8%）であることも読み取れる。なお，正確度は

$$\frac{372 + 222}{372 + 71 + 91 + 222} = 0.786 \quad (78.6\%) \tag{10.17}$$

である。

10.3.2 結果の書き方

ロジスティック回帰分析の結果で示すべきものは，つぎの通りである。

1） 偏回帰係数（B）と標準誤差（SEB），オッズ・オッズ比とその 95% 信頼区間

2） χ^2 と p，疑似決定係数

3） AUC と感度，特異度，精度，正確度

さらに，チケット階級の 1st のように比較基準となった分類や 1 を生存，0 を死亡としたことは記述する必要がある。

結果の報告例

タイタニック号の乗客データを用いて，チケット階級（基準：1st）と年齢，性別（基準：女性）が生死（1：生存，0：死亡）に与えた影響を検討するために，生死を従属変数，チケット階級と年齢，性別を独立変数としたロジスティック回帰分析を行った。結果を**表 10.4** に記す。

表 10.4　ロジスティック回帰分析の結果

	B	SEB	オッズ・オッズ比	95% CI
切　片	3.76	0.40	42.93	[19.70, 93.59]
年　齢	−0.04	0.01	0.96	[0.95, 0.98]
チケットの階級（2nd）	−1.29	0.26	0.28	[0.17, 0.46]
チケットの階級（3rd）	−2.52	0.28	0.08	[0.05, 0.14]
性別（男性）	−2.63	0.20	0.07	[0.05, 0.11]

分析の結果，$\chi^2(751) = 330.43$，$p < .001$，McFadden $R^2 = .32$ から十分なモデルの当てはまりが確認された。また，AUC = .85，感度が .71，特異度が .84，精度が .76，正確度が .79 であり，中程度の予測精度が確認された。

生死に与えた影響について，年齢からの有意な負の影響が認められ，年齢が 1 歳上がると生存するオッズが 0.96 倍になることが示された。チケット階級について，1st に比べ 2nd と 3rd のほうが死亡する確率が有意に高いことが示された。性別について，男性の方が死亡する確率が有意に高いことが示された。

──── 章 末 問 題 ────

【1】 ロジスティック回帰分析とはどのようなときに行う分析か説明せよ。

【2】 オッズとオッズ比の違いを説明せよ。

【3】 「10章演習データ .csv」について，病気の改善（disease：1 改善，0 変化なし）に薬 A〜C の使用量（それぞれ単位 mg）が及ぼす影響をロジスティック回帰分析により検討し，結果を報告せよ。

11. マルチレベルデータ を分析する

会社や学校（学級）のような集団に属する人を対象として調査を行うとき，得られたデータには個人のみならず属する集団の影響を受けている可能性がある。このようなデータを分析する場合，従来の方法を用いてしまうと集団の影響を見逃してしまい，本当に知りたいことが明らかにできない。本章では，このような場合の分析方法であるマルチレベル分析について説明する。

キーワード：マルチレベルデータ，マルチレベル分析，固定効果，変量効果，ICC DEFF 中心化，ランダム切片（・傾き）モデル

●●● 11.1　マルチレベル分析とは　●●●

会社や学級のような集団に属する個人に調査を行うとき，得られた個々のデータは**図 11.1** のように集団に包含される。このように，会社や集団といった上位の単位に包含される[†]データを**マルチレベルデータ**（multilevel data）や**階層的データ**（hierarchical data）という。

図 11.1　マルチレベルデータの具体例（1）

図 11.1 の例では，「会社」と「個人」という二つのレベルがあり，「個人」が「会社」に包含される構造となっている。このとき，「個人」をレベル 1 や within，「会社」をレベル 2 や between という。一般に，階層が低い順からレ

---

†　「ネストされる（nested）」や「入れ子になった」と表現されることもある。

ベル1，レベル2…という。

　なお，マルチレベルデータには，**図11.2**のように同一個人内で複数回測定したデータ（反復測定データ）も含まれる。この場合は，AさんからXさんについて，同じデータを3回にわたって測定したといえる。反復測定データは対応ありの分散分析のみならず，マルチレベル分析を行うこともできる。

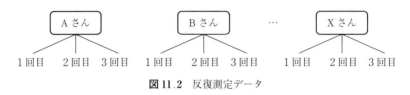

図11.2　反復測定データ

　図11.3のような年収と幸福度に関するマルチレベルデータを考える。図11.3から明らかのように，会社によって年収と幸福度の関連は大きく異なる。そのため，会社の違いを考慮せずに相関分析や回帰分析をしてはいけない。ここで，会社ごとに分析を行えばいいと考える人がいるかもしれないが，そうすると会社間で共通する効果がわからなくなってしまう。

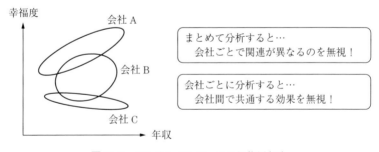

図11.3　マルチレベルデータの具体例（2）

　以上のような問題を解決する方法が**マルチレベル分析**（multilevel analysis）である。図11.3に示した年収と幸福度の関連を検討するというような，2変数（以上）の関連を検討するマルチレベル分析には，**ランダム切片モデル**（random-intercepts model）と**ランダム傾きモデル**（random-slope model）がある。以下では，従属変数を幸福度，独立変数を年収としたうえで，それぞれ

について説明する。

11.1.1　ランダム切片モデルとランダム傾きモデル

　ランダム切片モデルは，会社間で切片が異なり，傾き（回帰係数）は会社間で等しいとするモデルである（**図**11.4(a)）。式で表すとつぎのようになる。

【レベル1（個人レベル）】

　　（幸福度）=（各会社の切片）+（傾き）×（年収）+（個人間変動）　　(11.1)

【レベル2（会社レベル）】

　　（各会社の切片）=（切片の全体平均）+（切片の会社間変動）　　(11.2)

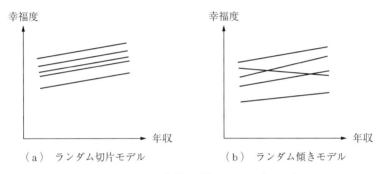

（a）　ランダム切片モデル　　　　（b）　ランダム傾きモデル

図11.4　ランダム切片・傾きモデルのイメージ

　式(11.1)は回帰モデルと似ているが，「各会社の切片」とあるように切片が会社間で異なる値をとることを表している。そして，各会社の切片は，「切片の全体平均」と「切片の会社間変動（会社間でのばらつき）」により表現される。この「切片の会社間変動」が大きいことは，幸福度（従属変数）が会社間で異なることを意味している。

　一方，ランダム傾きモデルは，会社間で切片だけではなく傾きも異なるとするモデルである（図(b)）。式で表すとつぎのようになる。

【**レベル 1（個人レベル）**】

（幸福度）＝（各会社の切片）＋（各会社の傾き）×（年収）＋（個人間変動）

$$(11.3)$$

【**レベル 2（会社レベル）**】

（各会社の切片）＝（切片の全体平均）＋（切片の会社間変動）　　(11.4)

（各会社の傾き）＝（傾きの全体平均）＋（傾きの会社間変動）　　(11.5)

　ランダム傾きモデルは，ランダム切片モデルの式 (11.1) の傾きが「各会社の傾き」となり，合わせて各会社の傾きに関する式 (11.5) が追加されている。各会社の傾きは，「傾きの全体平均」と「傾きの会社間変動」により表現される。この「傾きの会社間変動」が大きいことは，年収（独立変数）と幸福度（従属変数）の関連が会社間で異なることを意味している。

　以上を踏まえると，切片や傾きの集団間変動が大きい場合には，集団間で変数の値や関連が異なるため，マルチレベル分析を行う必要があるといえる。一方，集団間変動が小さい場合にはマルチレベル分析を行わず，従来の分析を行えばいいといえる。

11.1.2　ICC と DEFF

　マルチレベル分析を行う必要の有無を検討する指標として，**級内相関係数**（intra-class correlation coefficient：ICC）と**デザインエフェクト**（design effect：DEFF）がある。ICC は集団内でのデータの類似度を表すものであり

$$\mathrm{ICC} = \frac{集団間変動}{集団間変動 + 集団内変動} \qquad (11.6)$$

という式でその値が得られる。例えば，年収の ICC が大きいという場合には，集団間で年収のばらつきが大きくなることを意味している。

　ICC に対して集団内の人数の影響を考慮した指標が DEFF であり

$$\mathrm{DEFF} = 1 + (集団内の平均観測数 - 1) \times \mathrm{ICC} \qquad (11.7)$$

という式でその値が得られる。ICC が 0.05 以上，DEFF が 2.00 以上である場

合，マルチレベル分析を行わなければ，分析結果の推定に偏りが生じることが指摘されている[1]。

11.1.3 固定効果と変量効果

マルチレベル分析では，**固定効果**（fixed effect）と**変量効果**（random effect）という二つの効果について考える。固定効果とは，個人や集団によって変動しない一つの固定したパラメータのことである。対して，変量効果とは，個人や集団によってパラメータが異なるもので，確率的に変動するものである。例えば，式（11.2）については，切片の全体平均は固定効果，切片の会社間変動は変量効果となる。

マルチレベル分析では，固定効果に関する値について推定や検定を行うが，ランダム効果についてはその変動，つまり分散に焦点を当てる。分散の値が大きいと判断される場合には，分散を説明する変数を分析に用いる。

11.1.4 二つの中心化

マルチレベル分析を行う前に，独立変数に**中心化**の処理を施すことが多い。中心化は個人の得点から平均値を引くことであり，**集団平均中心化**（centering within cluster）と**全体平均中心化**（centering at the grand mean）の二つに分けられる。集団平均中心化とは個人の得点から所属する集団の平均を引くことである。一方，全体平均中心化とは個人の得点から対象者全体の平均を引くことである。それぞれを式で表すと，つぎのようになる。

(集団平均中心化)：(個人の得点) − (属する集団の平均) (11.8)

(全体平均中心化)：(個人の得点) − (対象者全体の平均) (11.9)

集団平均中心化された値は，属する集団内における（個人）差を表すものであり，集団の影響を取り除いたうえでの個人の値と考えることができる。そのため，この値をマルチレベル分析で用いる場合は，各集団内における個人レベルの説明変数の効果を検討できる。一般的に，マルチレベル分析では，集団平

均中心化された値を独立変数として用いることが多い。

一方，全体平均中心化された値について，式 (11.9) は

$$\{(個人の得点)-(属する集団の平均)\}+\{(属する集団の平均)-(対象者全体の平均)\}$$

$$(11.10)$$

と変形できる。この式の中で，「(個人の得点)－(属する集団の平均)」[1] は属する集団内における差，「(属する集団の平均)－(対象者全体の平均)」は集団間における差を示している。つまり，全体平均中心化された値は集団間の効果と集団内の効果の両方を含むのである。そのため，この値をマルチレベル分析で用いる場合は，集団レベルにおける説明変数の効果を検討できる[2]。

11.1.5　マルチレベル分析の注意点

マルチレベル分析を実施する際には，つぎのことを確認する必要がある。

〔1〕　**マルチレベル分析を行う必要があるか**　　分析の前に ICC と DEFF の値からマルチレベル分析を行う必要があるかを検討する。基準として，ICC が 0.05 以上，DEFF が 2.00 以上の場合，マルチレベル分析を行うといい。

〔2〕　**どのように中心化するか**　　個人レベルと集団レベルのどちらにおける説明変数の効果を知りたいのかで中心化の方法を変える。個人レベルの効果に関心があるときは集団平均中心化，集団レベルの効果に関心があるときは全体平均中心化を行う。

〔3〕　**ランダム切片・傾きモデルのどちらを採用するか**　　尤度比検定の結果か AIC や BIC といった情報量規準の値により，採用するモデルを決定する[3]。尤度比検定の結果，有意である場合はより複雑なモデルであるランダム傾きモデルを採用する。AIC や BIC を用いる場合，値が小さいモデルを採用する。

---

[1]　集団平均中心化された値にほかならない。

[2]　会社や学級というような上位レベルの変数が，個人のような下位レベルの変数に影響を与える「文脈効果」を検証する場合に用いられる。文脈効果の代表的な事例として，同じ学力の生徒であっても，学力水準が高い集団に所属している生徒の方が学業的自己概念は低くなるという「井の中の蛙効果」がある。

[3]　尤度比検定では，一方のモデルがもう一方のモデルに包含されていることが前提となっている。

●●● 11.2 マルチレベル分析の実行 ●●●

JASP でマルチレベル分析を実行する方法を説明する。

使用するデータは，R のパッケージ mlmRev のサンプルデータである Exam を用いる（11 章データ .csv）。このデータはロンドンにある 65 学校の学生 4 059 名を対象として

所属する学校の ID（school）

標準化された試験の成績（normexam：以下，試験の成績）

ロンドン読解テストの標準化された成績（standLRT：以下，読解テスト）

性別（sex）

を測定したものである。ここでは，試験の成績に対する読解テストと性別の影響について検討する。

11.2.1 ICC と DEFF の算出

まず，ICC と DEFF を算出し，マルチレベル分析を行う必要があるのかを確認する。JASP 0.14.1 では ICC と DEFF を求めることができないので，R を用いて算出する。standLRT の ICC を算出するには

```
> data<-read.csv("11 章データ .csv") #データの読み込み
> install.packages("ICC") #ICC を求めるためのパッケージのダウンロード
> library(ICC) #ICC を求めるためのパッケージの読み込み
> ICCest(as.factor(school),standLRT, data)
```

のコードを実行する。すると，$ICC に ICC，$N に学校数，$k に 1 学校あたりの生徒数が出力される。この場合，ICC $= 0.08757414$，$N = 65$，$k = 62.22813$ が得られる。式 (11.7) に従い，DEFF を算出すると

$$\text{DEFF} = 1 + (62.22813 - 1) \times 0.08757414 \doteqdot 6.36 \qquad (11.11)$$

が得られる。それゆえ，ICC と DEFF とも基準値を超えるため，マルチレベル分析を行う必要があると判断する。

11.2.2 中　心　化

独立変数が中心化されていない場合は，ここで中心化の処理を施す。すでに
標準化，すなわち集団平均中心化の処理がなされたデータを用いるため，今回
はなにもしない。中心化をする場合は，9.3.1項を参照されたい。

11.2.3 マルチレベル分析の実行

メニューから

```
［Mixed Models］
→ ［Linear Mixed Models］
```

を選択する。すると，**図 11.5** のような分析ウィンドウが出力される。従属変
数である normexam を［Dependent variable］，独立変数である standLRT と
sex を［Fixed effects variables］，集団の違い，つまり変量効果である school
を［Random effects grouping factors］に移す。

　さらに，マルチレベル分析の結果とモデル評価に係る指標を出力するため
に，［Options］を選択し以下のものを選択する。

- ［Model summary］：モデルの適合度を出力する。
- ［Fixed effects estimates］：固定効果の推定値を出力する。
- ［Variance / correlation estimates］：変量効果の分散と相関係数の推定値を出
  力する。

　〔1〕　**ランダム切片モデルの実行**　　ランダム切片モデルを実行するには，
図 11.5 の［Model］の Random effects にある standLRT と sex のチェックを外
す。すると，**図 11.6** のような結果が出力される。

　［Model summary］には AIC や BIC といったモデルの適合度が出力される。
出力された値はランダム切片・傾きモデルのどちらを採用すべきかを考えると
きに用いる。

　［Fixed Effects Estimates］には固定効果の推定値が出力される。Intercept が
切片，sex(1) は性別の傾き，standLRT は読解テストの傾きに関する推定値と

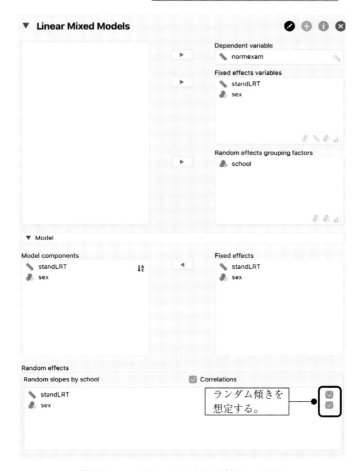

図 11.5 マルチレベル分析の分析ウィンドウ

その検定結果が出力される。ここでの検定は切片や傾きの推定値が 0 か否かを検定しており,有意であれば 0 ではないと判断する。Estimate には推定値,SE には推定値の標準誤差が出力される。

standLRT の値は 0.559, *p*<.001 であるため,読解テストが試験の成績に有意な正の影響を与えると判断できる。つまり,読解テストの点数が高い生徒は,試験の成績が高いといえる。

sex(1)の値は 0.086, *p*<.001 であるため,試験の成績には性差があると判

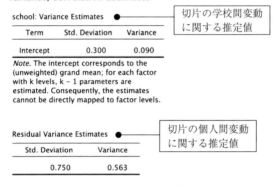

Model summary

Deviance	Deviance (REML)	log Lik.	df	AIC	BIC
9330.017	9347.961	−4673.980	5	9357.961	9389.504

Note. The model was fitted using restricted maximum likelihood.

Fixed Effects Estimates ●━━ 固定効果の 推定値

Term	Estimate	SE	df	t	p
Intercept	−0.009	0.040	61.086	−0.234	0.815
sex (1)	0.086	0.016	3043.558	5.226	< .001
standLRT	0.559	0.012	4049.943	44.930	< .001

Note. The intercept corresponds to the (unweighted) grand mean; for each factor with k levels, k – 1 parameters are estimated. Consequently, the estimates cannot be directly mapped to factor levels.

Variance/Correlation Estimates

school: Variance Estimates ●━━ 切片の学校間変動 に関する推定値

Term	Std. Deviation	Variance
Intercept	0.300	0.090

Note. The intercept corresponds to the (unweighted) grand mean; for each factor with k levels, k – 1 parameters are estimated. Consequently, the estimates cannot be directly mapped to factor levels.

Residual Variance Estimates ●━━ 切片の個人間変動 に関する推定値

Std. Deviation	Variance
0.750	0.563

図11.6 ランダム切片モデルの結果

断できる。しかし、sex(1) が男子と女子のどちらを基準とした値であるかがわからない。そこで、[Estimated marginal means] の [Model variables] において、sex を [Selected variables] に移す（**図11.7**）。すると、**図11.8**の結果が出力される。

　図11.8の結果は男子と女子の試験の成績の推定周辺平均[†]を示している。女子の値が0.077、男子の値が−0.094であり、95%信頼区間も重なっていたため、女子の方が試験の成績が高いと判断できる。それゆえ、sex(1) は男子を基準としたときの女子の値といえる。

---

† ほかの変数の影響を取り除いた平均値のことである。

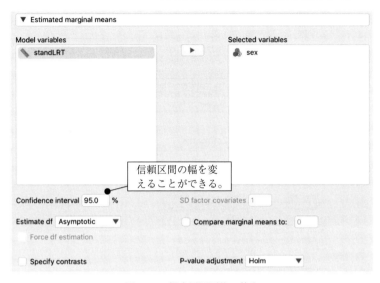

図 11.7　推定周辺平均の算出

Estimated Marginal Means

sex	Estimate	SE	95% CI	
			Lower	Upper
F	0.077	0.042	−0.005	0.160
M	−0.094	0.044	−0.180	−0.008

図 11.8　推定周辺平均の推定値

　[school：Variance Estimates] には切片の学校間変動に関する推定値,
[Residual Variance Estimates] には切片の個人間変動に関する推定値が出力さ
れる。Std.Deviation は標準偏差, Variance は分散の値である。

　〔2〕　**ランダム傾きモデルの実行**　　ランダム傾きモデルを実行するには,
図 11.5 の [Model] の Random effects のように standLRT と sex それぞれに
チェックをつける。すると, **図 11.9** のような結果が出力される。出力された
結果はランダム切片モデルとほぼ同様であるが, [Variance／Correlation
Estimates] に新たな情報が加わっている。

　[school：Variance Estimates] では, sex(1) と standLRT の値が追加されて
いる。これらの値は, sex(1) と standLRT の傾きの学校間変動に関する推定値

Fixed Effects Estimates

Term	Estimate	SE	df	t	p
Intercept	−0.025	0.039	60.714	−0.635	0.528
sex (1)	0.091	0.016	1360.175	5.656	< .001
standLRT	0.553	0.020	55.931	27.431	< .001

Note. The intercept corresponds to the (unweighted) grand mean; for each factor with k levels, k – 1 parameters are estimated. Consequently, the estimates cannot be directly mapped to factor levels.

Variance/Correlation Estimates

school: Variance Estimates

Term	Std. Deviation	Variance
Intercept	0.295	0.087
sex (1)	0.015	2.181e −4
standLRT	0.123	0.015

Note. The intercept corresponds to the (unweighted) grand mean; for each factor with k levels, k – 1 parameters are estimated. Consequently, the estimates cannot be directly mapped to factor levels.

school: Correlation Estimates

Term	Intercept	sex (1)	standLRT
Intercept	1.000		
sex (1)	0.784	1.000	
standLRT	0.535	−0.104	1.000

Note. The intercept corresponds to the (unweighted) grand mean; for each factor with k levels, k – 1 parameters are estimated. Consequently, the estimates cannot be directly mapped to factor levels.

図 11.9　ランダム傾きモデルの結果の抜粋

である。さらに，［school：Correlation Estimates］という結果が新たに追加されている。これは，切片と傾きの変量効果間の相関係数を表している。

11.2.4　モデルの比較

JASP 0.14.1 では尤度比検定を実行できないため，AIC と BIC の値によって採用するモデルを決定する。ランダム切片・傾きモデル，および性別または読解テストの成績のみランダム傾きを想定したモデルの AIC と BIC の値を算出すると，**表 11.1** のような結果が得られる。この結果から，AIC と BIC の値が最も小さい読解テストの成績のみランダム傾きを想定したモデルを採用する。

表 11.1   各モデルの AIC と BIC の値

モデル	AIC	BIC
ランダム切片モデル	9 357.961	9 389.504
性別のみランダム傾きモデル	9 360.567	9 404.728
読解テストの成績のみランダム傾きモデル	9 318.596	9 362.757
ランダム傾きモデル	9 323.940	9 387.027

読解テストのみランダム傾きを想定したモデルの結果は図 11.10 のようにな
る。[Fixed Effects Estimates] の結果から，試験の成績は女子のほうが有意に
高いこと，読解テストの点数と有意な正の関連を示すことがわかる。

Fixed Effects Estimates

Term	Estimate	SE	df	t	p
Intercept	−0.024	0.039	61.048	−0.610	0.544
sex (1)	0.088	0.016	2609.063	5.445	< .001
standLRT	0.553	0.020	56.341	27.420	< .001

Note. The intercept corresponds to the (unweighted) grand mean; for each
factor with k levels, k − 1 parameters are estimated. Consequently, the
estimates cannot be directly mapped to factor levels.

Variance/Correlation Estimates

school: Variance Estimates

Term	Std. Deviation	Variance
Intercept	0.297	0.088
standLRT	0.123	0.015

Note. The intercept corresponds to the
(unweighted) grand mean; for each factor
with k levels, k − 1 parameters are
estimated. Consequently, the estimates
cannot be directly mapped to factor levels.

school: Correlation Estimates

Term	Intercept	standLRT
Intercept	1.000	
standLRT	0.528	1.000

Note. The intercept corresponds to the
(unweighted) grand mean; for each
factor with k levels, k − 1 parameters
are estimated. Consequently, the
estimates cannot be directly mapped
to factor levels.

Residual Variance Estimates

Std. Deviation	Variance
0.742	0.550

図 11.10   standLRT のみランダム傾きモデルの結果の抜粋

11.2.5 結果の書き方

マルチレベル分析の結果で示すべきものは，つぎの通りである。

1) 採用したモデルとその根拠

2) 固定効果の推定値と標準誤差

3) 変量効果の分散

また，性別のような質的変数を独立変数として組み込む場合は，なにを基準としたのかを明記する必要がある。

結果の報告例

ロンドンにある 65 学校の学生 4 059 名を対象として，性別と読解テストの成績が試験の成績に及ぼす影響をマルチレベル分析により検討した。複数モデルの適合度を検討したところ，表 11.1 のように読解テストの成績のみをランダム傾きモデルとしたものが最も良い当てはまりを示したため，以下ではこれに従い分析を進めた。結果を **表 11.2** に記す。

表 11.2 マルチレベル分析の結果

	推定値	標準誤差
固定効果		
切 片	-0.02	0.04
性別（女子）	0.09^*	0.02
読解テストの成績	0.55^*	0.02
変量効果		
切片の学校間分散	0.09	
切片の個人間分散	0.02	
傾きの学校間分散	0.55	

*：$p < .001$

注) 性別は男子の値を基準とした。

分析の結果，読解テストの成績と試験の成績の間に有意な正の関連が認められた。また，男子に比べ女子は試験の成績が有意に高いことが示された。

───── **章 末 問 題** ─────

【1】 マルチレベル分析とはどのようなときに行う分析か説明せよ。

【2】 固定効果と変量効果の違いを説明せよ。

【3】 「11章演習データ.csv」は73学校1905人の学生を対象に，学校のID（school），性別（gender），試験の総合成績（course），筆記試験の成績（written）を測定したものである。試験の総合成績に対して，性別と筆記試験の成績が与える影響を検討せよ。ただし，試験の総合成績と筆記試験の成績は中央化されていない値である。

12. 質的変数の連関を 検討する

質的変数の関係（連関）について検討する方法としてカイ2乗検定が有名である。しかし，三つ以上の質的変数の連関を1度のカイ2乗検定では分析できない。このような場合には，対数線形モデルを用いると質的変数の連関を明らかにすることができる。本章では，対数線形モデルについて説明する。

キーワード：対数線形モデル，独立モデル，飽和モデル，主効果，交互作用

●●● 12.1　対数線形モデルとは ●●●

質的変数どうしに関係があることを**連関**（association）という[†]。二つ質的変数の連関を検討する方法として**カイ2乗検定**（chi-squared test）が有名である。例えば，**表12.1**はチェーン店AからCの年代別の来客数をまとめたものである。カイ2乗検定では，「チェーン店」と「年代」という二つの質的変数の連関を検討することができる。この場合，カイ2乗検定の結果は1％水準で有意であり（$\chi^2(6) = 80.79$, $p < .01$），チェーン店と年代に連関があると判断できる。

ここで，表12.1について，「性別（質的変数）」のデータが得られたとしよ

表12.1　クロス集計表

	10代	20代	30代	40代
A	40	45	39	37
B	5	8	10	40
C	100	120	60	25

[†]　連関がないことを，「**独立**（independent）である」という。

う。男女別にクロス集計表を作成したところ，**表12.2**のようになったとする。
この場合，カイ2乗検定を用いれば男女別に「チェーン店」と「年代」の連関
を検討することができる。しかし，カイ2乗検定では，「性別」「チェーン店」
「年代」という三つの質的変数の連関を同時に検討することができない。

表12.2　男女別のクロス集計表

（a）　男性

	10代	20代	30代	40代
A	30	20	20	20
B	3	4	6	20
C	45	70	25	10

（b）　女性

	10代	20代	30代	40代
A	10	25	19	17
B	2	4	4	20
C	55	50	35	15

　このような，三つ以上の質的変数の連関を同時に検討する場合には，**対数線
形モデル**（log linear model）を用いた分析を行うと，知りたい連関を検討する
ことができる。以下では，対数線形モデルの概要について説明する。まず，理
解しやすいよう，表12.1のような二つの質的変数の場合について説明する。
その後，三つの質的変数の場合について説明する。なお，より詳細な数式やプ
ロセスについては，松田[1]を参照されたい。

12.1.1　二つの質的変数における対数線形モデル

表12.3のような，二つの質的変数 A と B のクロス集計表を考える。A と B
に連関がない場合，i 行 j 列のセルに観測が期待される度数（期待度数）は

表12.3　二つの質的変数における対数線形モデルの
　　　　　クロス集計表

	B_1	B_2	$\cdots$	B_j	$\cdots$	B_c	合計
A_1	n_{11}	n_{12}	$\cdots$	n_{1j}	$\cdots$	n_{1c}	$n_{1\cdot}$
A_2	n_{21}	n_{22}	$\cdots$	n_{2j}	$\cdots$	n_{2c}	$n_{2\cdot}$
$\vdots$	$\vdots$	$\vdots$	$\cdots$	$\vdots$	$\cdots$	$\vdots$	$\vdots$
A_i	n_{i1}	n_{i2}	$\cdots$	n_{ij}	$\cdots$	n_{ic}	$n_{i\cdot}$
$\vdots$	$\vdots$	$\vdots$	$\cdots$	$\vdots$	$\cdots$	$\vdots$	$\vdots$
A_r	n_{r1}	n_{r2}	$\cdots$	n_{rj}	$\cdots$	n_{rc}	$n_{r\cdot}$
合計	$n_{\cdot1}$	$n_{\cdot2}$	$\cdots$	$n_{\cdot j}$	$\cdots$	$n_{\cdot c}$	$n_{\cdot\cdot}$

$$E_{ij} = n.. \times \frac{n_{i\cdot}}{n..} \times \frac{n_{\cdot j}}{n..} = \frac{n_{i\cdot}n_{\cdot j}}{n..} \tag{12.1}$$

となる。式 (12.1) の両辺に対数をとると

$$\log E_{ij} = \log \frac{n_{i\cdot}n_{\cdot j}}{n..} = -\log n.. + \log n_{i\cdot} + \log n_{\cdot j} \tag{12.2}$$

となる。ここで，$\log n.. = \mu$，$\log n_{i\cdot} - \mu = \alpha_i$，$\log n_{\cdot j} - \mu = \beta_j$ とおくと式 (12.2) は

$$\log E_{ij} = \mu + \alpha_i + \beta_j \tag{12.3}$$

と表すことができる。式 (12.3) を**独立モデル**（independent model）といい，それぞれの要素は

　μ：切片

　α_i：A が i（行）であるときの主効果

　β_j：B が j（列）であるときの主効果

を示している。対数線形モデルでは，これらの係数を推定し，その値が 0 であるとする帰無仮説について検定を行うのである。

　一方，A と B に連関が認められる場合には，A と B の間に交互作用が認められると考える。そのため，式 (12.3) の独立モデルに A が i，B が j であることの交互作用である $(\alpha\beta)_{ij}$ を加えた

$$\log E_{ij} = \mu + \alpha_i + \beta_j + (\alpha\beta)_{ij} \tag{12.4}$$

を考える。式 (12.4) を**飽和モデル**（saturated model）という。ただし

$$\sum_i \alpha_i = \sum_j \beta_j = \sum_i (\alpha\beta)_{ij} = \sum_j (\alpha\beta)_{ij} = 0 \tag{12.5}$$

を制約として課している。

12.1.2　三つの質的変数における対数線形モデル

　A と B に C を加え，三つの質的変数の連関を検討する場合を考える。この場合，独立モデルは式 (12.3) に C が k であるときの主効果である γ_k を加えた

$$\log E_{ijk} = \mu + \alpha_i + \beta_j + \gamma_k \tag{12.6}$$

となる。一方，飽和モデルでは A と B の交互作用 $(\alpha\beta)_{ij}$ だけではなく，B と

Cの交互作用 $(\beta\gamma)_{jk}$，AとCの交互作用 $(\alpha\gamma)_{ik}$，A，B，Cの交互作用 $(\alpha\beta\gamma)_{ijk}$ を考慮する必要がある。つまり，飽和モデルは

$$\log E_{ijk} = \mu + \alpha_i + \beta_j + \gamma_k + (\alpha\beta)_{ij} + (\beta\gamma)_{jk} + (\alpha\gamma)_{ik} + (\alpha\beta\gamma)_{ijk} \tag{12.7}$$

と表すことができる。

　式 (12.7) のように，三つの質的変数の対数線形モデルでは推定するパラメータが 8 ($=2^3$) 個ある。さらに，質的変数が四つの場合，推定するパラメータが $2^4 = 16$ 個あり，交互作用の解釈も難しくなる。そのため，対数線形モデルで扱う質的変数の数はなるべく少なくなるようにするべきである。

12.1.3　モデルの選択

　対数線形モデルでは，独立モデルからいくつかの交互作用を認めたモデル，飽和モデルの間で，最も当てはまりのよいモデルを探索する。モデルの評価には，AIC や BIC といった情報量規準や尤度比検定を用いる。JASP では，情報量基準ではなく尤度比検定によってモデルの評価を行うことができる。

　尤度比検定では，「二つのモデルの逸脱度（≒適合度）に差はない」という帰無仮説について検定を行う。そのため，検定結果が有意である場合はより複雑なモデルを，有意でない場合はより単純なモデルを最良モデルとして選択する。

　モデルの評価にあたり，交互作用を含めたモデルのときは下位の交互作用を含める必要がある。例えば，AとBとCの交互作用をモデルに含める場合には，AとBの交互作用，BとCの交互作用，AとCの交互作用のすべてを含めなければならない。

12.1.4　対数線形モデルの注意点

　対数線形モデルを実施する前に，つぎの二つの条件を確認する必要がある。

〔1〕　クロス集計表のほとんどのセルは 0 ではないか　　0 には対数を取ることができないため，クロス集計表のほとんどのセルが 0 であるときは対数線形モデルによる分析を行うべきではない。ほとんどのセルが 0 であるときは，

より多くの回答を集めることや分析に用いる質的変数の水準について再考する必要があるだろう。

〔2〕　**交互作用を含めたモデルの場合，下位の交互作用を含んでいるか**

●●● 12.2　対数線形モデルの実行 ●●●

JASP で対数線形モデルを実行する方法を説明する。

使用するデータは，R のパッケージ dataset にある HairEyeColor を用いる（12 章データ .csv）。このデータは，592 人の大学生を対象として，つぎの変数を測定したものである。

hair（髪の色）：Black（黒），Blond（ブロンド），Brown（茶），Red（赤）

eye（目の色）：Blue（青），Brown（茶），Green（緑），Hazel（薄茶）

sex（性別）：Male（男性），Female（女性）

counts（度数，観測数）

12.2.1　対数線形モデルの実行

〔1〕　**クロス集計表の作成**　　対数線形モデルを実行する前にクロス集計表を作成するとよい。

［Frequencies］

→ ［Contingency Tables］

を選択し，**図 12.1** のように hair を［Rows］，eye を［Columns］，counts を［Counts］，sex を［Layers］に移す。すると，**図 12.2** が出力される。

〔2〕　**対数線形モデルの実行**

［Frequencies］

→ ［Log-Linear Regression］

を選択する。すると，**図 12.3** のような分析ウィンドウが出力される。counts を［Counts］，hair と eye，sex を［Factors］に移す。さらに，交互作用を含めるために，［Models］において hair と eye，sex を選択し，［Model Terms］

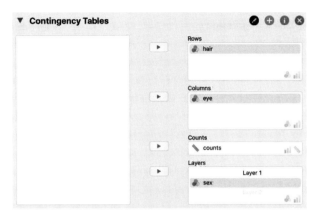

図 12.1　クロス集計表の作成

Contingency Tables

sex	hair	eye				Total
		Blue	Brown	Green	Hazel	
Female	Black	9	36	2	5	52
	Blond	64	4	8	5	81
	Brown	34	66	14	29	143
	Red	7	16	7	7	37
	Total	114	122	31	46	313
Male	Black	11	32	3	10	56
	Blond	30	3	8	5	46
	Brown	50	53	15	25	143
	Red	10	10	7	7	34
	Total	101	98	33	47	279
Total	Black	20	68	5	15	108
	Blond	94	7	16	10	127
	Brown	84	119	29	54	286
	Red	17	26	14	14	71
	Total	215	220	64	93	592

図 12.2　クロス集計表の出力

に移す。すると，**図 12.4** のような結果が出力される。

　図 12.4 にある［ANOVA］は尤度比検定の結果を示している。交互作用について，hair と eye，hair と sex の交互作用は 5％水準で有意であるが，残りの交互作用 eye＊sex，hair＊eye＊sex は有意ではないと判断できる。それゆえ，有意ではなかった交互作用である eye＊sex，hair＊eye＊sex を［Model］の

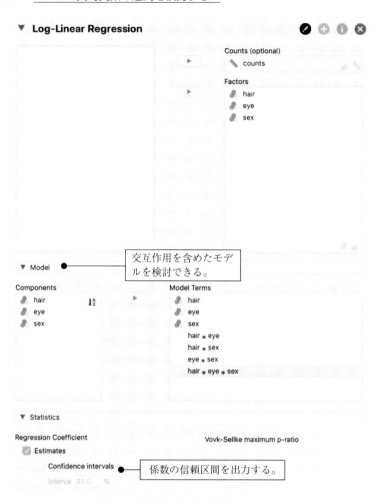

図12.3　対数線形モデルの分析ウィンドウ

ANOVA

	df	Deviance	Residual df	Residual Deviance	p
NULL			31	475.118	
hair	3	165.592	28	309.526	< .001
eye	3	141.272	25	168.254	< .001
sex	1	1.954	24	166.300	0.162
hair * eye	9	146.444	15	19.857	< .001
hair * sex	3	8.093	12	11.764	0.044
eye * sex	3	5.002	9	6.761	0.172
hair * eye * sex	9	6.761	0	0.000	0.662

図12.4　尤度比検定の結果

［Model Terms］から除外したモデルが最良モデルであると考えられる。有意
ではなかった交互作用を除外したうえで，［Statistics］にある［Regression
Coefficient］の［Estimates］にチェックをつけると，**図12.5**のような結果が
出力される。

Coefficients

	Estimate	Standard Error	Z	p
(Intercept)	2.265	0.245	9.248	< .001
hair = Blond	1.829	0.274	6.674	< .001
hair = Brown	1.473	0.275	5.365	< .001
hair = Red	−0.083	0.363	−0.230	0.818
eye = Brown	1.224	0.254	4.811	< .001
eye = Green	−1.386	0.500	−2.773	0.006
eye = Hazel	−0.288	0.342	−0.842	0.400
sex = Male	0.074	0.193	0.385	0.700
hair = Blond*eye = Brown	−3.821	0.467	−8.180	< .001
hair = Brown*eye = Brown	−0.875	0.292	−3.003	0.003
hair = Red*eye = Brown	−0.799	0.402	−1.985	0.047
hair = Blond*eye = Green	−0.384	0.568	−0.676	0.499
hair = Brown*eye = Green	0.323	0.544	0.593	0.553
hair = Red*eye = Green	1.192	0.617	1.933	0.053
hair = Blond*eye = Hazel	−1.953	0.477	−4.096	< .001
hair = Brown*eye = Hazel	−0.154	0.384	−0.402	0.688
hair = Red*eye = Hazel	0.094	0.497	0.188	0.851
hair = Blond*sex = Male	−0.640	0.267	−2.399	0.016
hair = Brown*sex = Male	−0.074	0.226	−0.328	0.743
hair = Red*sex = Male	−0.159	0.306	−0.519	0.604

図12.5 係数の推定結果

図12.5の［Estimate］には係数の推定値，［Standard Error］には係数の標
準誤差が出力される。"(Intercept)" の値は切片の値を，ほかの項目は主効果や
交互作用を示している。

主効果について，例えば "hair = Blond" は髪の色がブロンドの主効果を示し
ており，その推定値は1.829，$p<.001$である。この結果は，図12.5の中にな
い "hair = Black" と比べてブロンドの度数が有意に多いことを示している。こ
のように，対数線形モデルで出力される結果は出力されていないものを基準と
して，相対的に度数が多い（少ない）かを示している。

交互作用について，例えば "hair = Blond * eye = Brown" は髪の色がブロンド
で目の色が茶の交互作用を示しており，その推定値は−3.821，$p<.001$であ

る。この結果は，性別を問わず「髪の色がブロンドの人の<u>目の色は青よりも茶であることが有意に少ない</u>」あるいは「目の色が茶の人の<u>髪の色は黒よりもブロンドであることが有意に少ない</u>」ことを意味している。交互作用の解釈も主効果と同様に出力されていないものを基準として，相対的に度数が多い（少ない）かを示している。

12.2.2 結果の書き方

対数線形モデルの結果で示すべきものは，つぎの通りである。

1） 基準とした水準

2） 採用したモデル

3） 採用したモデルにおける係数の推定値　主効果をギリシャ文字で表す

結果の報告例

「髪の色」と「目の色」「性別」の連関を明らかにするために，対数線形モデルによる分析を行った。本研究において基準とした水準は，髪の色が「黒」，目の色が「青」，性別が「女性」であった。

尤度比検定の結果，「髪の色」と「目の色」「性別」の主効果，「髪の色」と「目の色」の交互作用，「髪の色」と「性別」の交互作用を含むモデルが最良モデルであると判断した。以下，このモデルに従い分析を進めた。このモデルにおける係数の推定値を**表 12.4** に記す。

表 12.4　最良モデルにおける係数の推定値

パラメータ	推定値	標準誤差	パラメータ	推定値	標準誤差
μ	2.27^{***}	0.25	$(\alpha\beta)_{赤*茶}$	-0.80^{*}	0.40
$\alpha_{ブロンド}$	1.83^{***}	0.27	$(\alpha\beta)_{ブロンド*緑}$	-0.38	0.57
$\alpha_{茶}$	1.47^{***}	0.28	$(\alpha\beta)_{茶*緑}$	0.32	0.54
$\alpha_{赤}$	-0.08	0.36	$(\alpha\beta)_{赤*緑}$	1.19	0.62
$\beta_{茶}$	1.22^{***}	0.25	$(\alpha\beta)_{ブロンド*薄茶}$	-1.95^{***}	0.48
$\beta_{緑}$	-1.39^{**}	0.50	$(\alpha\beta)_{茶*薄茶}$	-0.15	0.38
$\beta_{薄茶}$	-0.29	0.34	$(\alpha\beta)_{赤*薄茶}$	0.09	0.50
$\gamma_{男性}$	0.07	0.19	$(\alpha\gamma)_{ブロンド*男性}$	-0.64^{*}	0.27
$(\alpha\beta)_{ブロンド*茶}$	-3.82^{***}	0.47	$(\alpha\gamma)_{茶*男性}$	-0.07	0.23
$(\alpha\beta)_{茶*茶}$	-0.88^{**}	0.29	$(\alpha\gamma)_{赤*男性}$	-0.16	0.31

$^{*}: p<.05$　　$^{**}: p<.01$　　$^{***}: p<.001$

　「髪の色」の主効果について，黒を基準としてブロンドと茶は有意に多いことが示された（$\alpha_{ブロンド}=1.83$，$\alpha_{茶}=1.47$，$ps<.001$）[†1]。「目の色」の主効果について，青を基準として茶が有意に多く（$\beta_{茶}=1.22$，$p<.001$），緑が有意に少ないことが示された（$\beta_{緑}=-1.39$，$p<.01$）。なお，「性別」の主効果は認められなかった（$\gamma_{男性}=0.07$，$p=$n.s.）。

　「髪の色」と「目の色」の交互作用について，目の色が茶であることと髪の色がブロンド，茶，赤の有意な負の交互作用が認められた（$(\alpha\beta)_{ブロンド*茶}=-3.82$，$p<.001$，$(\alpha\beta)_{茶*茶}=-0.88$，$p<.01$，$(\alpha\beta)_{赤*茶}=-0.80$，$p<.05$）。つまり，性別を問わず目の色が茶の人は，髪の色が黒よりもブロンドや茶，赤であることが少ない傾向にある。また，目の色が薄茶であることと髪の色がブロンドであることの有意な負の交互作用も認められた（$(\alpha\beta)_{ブロンド*薄茶}=-1.95$，$p<.001$）。すなわち，性別を問わず目の色が薄茶の人は，髪の色が黒よりもブロンドであることが少ない傾向にある。

　「髪の色」と「性別」の交互作用について，髪の色がブロンドであることと男性であることの有意な負の交互作用が認められた（$(\alpha\gamma)_{ブロンド*男性}=-0.64$，$p<.05$）。つまり，髪の色がブロンドである男性は有意に少ない傾向にある。

────　章　末　問　題　────

【1】　対数線形モデルにおいて，独立モデルと飽和モデルとはなにか説明せよ。

【2】　「12章演習データ.csv」[†2] について，対数線形モデルを用いて RaceVictim（被害者の人種）と RaceDefendant（被告の人種）と Death（死刑判決）の連関を検討し，結果を報告せよ。

---

†1　$ps<.001$ とは，複素数のパラメータの p 値が .001 未満であることを意味する。
†2　JASP のデータセットに含まれているものである。

13. 変数間の複雑な関連を検討する

　回帰分析では一つ以上の独立変数により一つの従属変数を予測・説明することができたが，独立変数間の関連や複数の従属変数を同時に扱うことはできない。ある事象のメカニズムを解明するためには，独立変数間の関連や複数の従属変数を同時に扱う必要があるだろう。本章では，このような必要性に応える分析方法として構造方程式モデリングについて説明する。

　キーワード：構造方程式モデリング，パス図，観測変数，潜在変数，測定方程式，構造方程式，外生変数，内生変数，適合度指標，修正指数，同値モデル

●●● 13.1　構造方程式モデリングとは ●●●

　複数の独立変数間の関連や複数の従属変数への影響を検討する方法として**構造方程式モデリング**（structural equation modeling：SEM）がある。構造方程式モデリングは**共分散構造分析**（covariance structure analysis）とも呼ばれ，その名の通り共分散行列から変数間の関連を特定する方法である。

　構造方程式モデリングは，分散分析や回帰分析のみならず本書で取り上げる因子分析や媒介分析を包含した方法であり，これまでの既存の分析手法をより柔軟に扱うことができる。それゆえ，構造方程式モデリングは心理学や社会学，教育学などの社会科学の領域ではとりわけ多く用いられてきた方法の一つである。

　以下では，構造方程式モデリングのおもな特徴について説明する。

13.1.1　パス図による表現

　構造方程式モデリングでは，**図13.1**のような**パス図**（path diagram）と呼

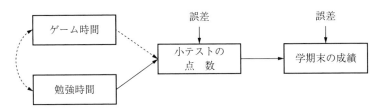

図13.1 パス図の例

ばれるグラフを用いて複雑な関係を表現する。パス図による表現には，つぎの
五つのルールがある。

1) 直接測定することができる**観測変数**は四角で囲む。

2) 直接測定することができない**潜在変数**は丸で囲む。

3) 「A → B」は「A は B に(正または負の)影響を与える」ことを意味する。

4) 「A ↔ B」は「A と B は(正または負の)相関関係にある」ことを意味する。

5) 誤差は円で囲む（あるいは囲まない）。

以上を踏まえ，図13.1の意味を確認する。ゲーム時間と勉強時間の間には
負の相関関係がある。これは，「ゲーム時間が長いと勉強の時間は短い」こと
を意味している。小テストの点数に対して，ゲーム時間は正の影響，勉強時間
は負の影響を与えている。これは，重回帰分析と同様に「勉強時間が一定のと

き，ゲームの時間が長くなると小テ
ストの点数は低くなる」ことを示し
ている。そして，小テストの点数は
学期末の成績に正の影響を与えてい
る。つまり，「小テストの点数が高
くなると学期末の成績はよい」こと
が示された。

なお，探索的因子分析と主成分分
析，重回帰分析もそれぞれ**図13.2**,
図13.3，**図13.4**のようなパス図で
表現できることが有名である。図

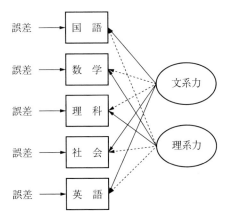

注) 破線は因子負荷量が弱いことを意味する。

図13.2 探索的因子分析のパス図

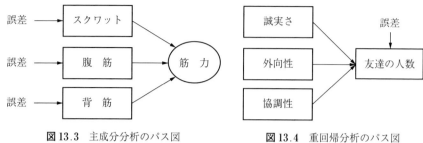

図 13.3　主成分分析のパス図　　　　**図 13.4**　重回帰分析のパス図

13.2 では，文系力と理系力の間に「↔」がないため直交回転を想定しているが，「↔」があると斜交回転となる 。

13.1.2　方程式による表現

　構造方程式モデリングでは，パス図による表現だけではなくその名のごとく方程式による表現も可能である。方程式には**測定方程式**（measurement equation）と**構造方程式**（structural equation）と呼ばれるものがある。測定方程式とは，構成概念が複数の観測変数に与える影響を記したもので，「因子分析の様子」を表す。構造方程式とは，変数間の影響関係を記したものである。

　例えば，**図 13.5** のパス図において，実線は測定方程式，破線は構造方程式を表している。これらを式で表現すると，つぎのようになる。

【測定方程式の例】

$$(項目 1) = \beta_1 \times (誠実さ) + (誤差) \tag{13.1}$$

$$(項目 2) = \beta_2 \times (誠実さ) + (誤差) \tag{13.2}$$

$$(項目 3) = \beta_3 \times (誠実さ) + (誤差) \tag{13.3}$$

【構造方程式の例】

$$(成績) = \gamma_1 \times (誠実さ) + \gamma_2 \times (協調性) + (誤差) \tag{13.4}$$

　測定方程式について，$\beta_1 \sim \beta_3$ の値は誠実さから各項目への影響の大きさを示す値であり，因子負荷量に相当する。構造方程式について，γ_1 と γ_2 の値はそれぞれ誠実さと協調性から成績への影響の大きさを示す値であり，偏回帰係数

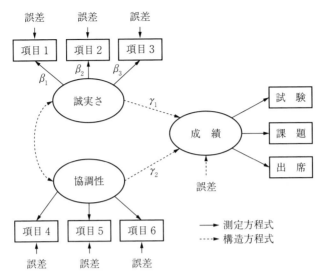

図 13.5 測定方程式と構造方程式

に相当する。$\beta_1 \sim \beta_3$ および γ_1 と γ_2 の値は**パス係数**と呼ばれる。

JASP や R では，測定方程式と構造方程式を分けて記述する。それゆえ，何が測定方程式で構造方程式であるのかを意識する必要がある。

13.1.3 変数の区別

構造方程式モデリングでは，「観測変数か潜在変数か」に加え「**内生変数**（endogenous variable）か**外生変数**（exogenous variable）か」を区別する。

内生変数とは，想定したモデルにおいてほかの変数から影響を受けるもので，「少なくとも一度は単方向の矢印を受け取る変数」である。一方，外生変数とは，想定したモデルにおいて他の変数から影響を受けないもので，「一度も単方向の矢印を受け取らない変数」である。図 13.5 では，項目 1〜6 や試験，課題，出席，成績は内生変数であるが，誠実さや協調性，誤差は外生変数である。

なお，誤差は直接観測されるものではないので，潜在変数となる。

13.1.4　構造方程式モデリングの手順

ここまで，構造方程式モデリングに関する理論的な側面を説明してきた。ここまでの話を踏まえたうえで，構造方程式モデリングの手順を示す。

〔1〕　**研究仮説の構築**　　先行研究をもとに研究仮説を構築する。一つの研究論文ではなく，メタ分析や理論に関するレビュー論文を参考にするとよい。

〔2〕　**研究仮説を反映したモデルの表現**　　研究仮説を検討するために，測定方程式と構造方程式によりモデルを表現する。その際，JASP では，パス図による表現をもとにして，測定方程式と構造方程式を記述する必要がある。

〔3〕　**パラメータの推定**　　式 (13.1)〜(13.4) にある β や γ を推定する。推定法には最尤法を用いることが多いが，JASP ではさまざまな推定方法が用意されている。それぞれの推定方法の詳細は，4 章の表 4.2 を参照されたい。

〔4〕　**モデルの評価と修正**　　モデルがどの程度データに当てはまっているのか，その程度である**適合度指標**（goodness of fit index）を算出し，モデルを評価する。適合度が低い場合，**修正指数**（modification index）を参考にしてモデルを修正することがある。

13.1.5　モデルの適合度指標

構造方程式モデリングの結果は，用いた変数の数やモデルの複雑さ，サンプルサイズなどに影響を受ける。そのため，結果を提示する際には複数の適合度指標を報告する必要がある。適合度指標の詳細は，4 章 4.1.1 項と表 4.1 を参照されたい。

13.1.6　モデルの修正

研究仮説に基づく構築したモデルの適合度が悪い場合には，修正指標を用いてモデルを修正することがある。

JASP では，**図 13.6** のように修正指標が出力される。"mi" は修正指標のことであり，値が大きいほどそのパスを追加することでモデルが改善することを意味する。epc はパス係数の期待値であり，sepc は標準化されたパス係数の値

Modification Indices

			mi	epc	sepc (lv)	sepc (all)	sepc (nox)
y2	~~	y6	9.279	2.129	2.129	0.401	0.401
y6	~~	y8	8.668	1.513	1.513	0.423	0.423
y1	~~	y5	8.183	0.884	0.884	0.410	0.410

図 13.6　JASP による修正指標の出力例

である。sepc(lv) は潜在変数の分散を 1 に，sepc(all) と sepc(nox) は潜在変数と観測変数の分散を 1 に設定したときの標準化されたパス係数である。

図 13.6 の例では，y2 と y6 の間に相関関係を想定することで，モデルの適合度が改善されることがわかる。

ただし，パスを追加することについて，論理的な説明ができない場合，修正指標に従いモデルを修正することは不適切である。あくまで，「統計学的にこのパスを追加すると数値が改善されるよ」とアドバイスしてくれているに過ぎない。

13.1.7　構造方程式モデリングの注意点

構造方程式モデリングを実施する前に，つぎの三つの条件を確認する必要がある。

〔1〕　**構築したモデルに根拠があるか**　　先行研究から導いた研究仮説に基づくモデルについて検討するのが，構造方程式モデリングである。やみくもにパラメータの推定を行い，適合度の良いモデルを導くということをしてはいけない。例え適合度が許容範囲よりわずかに低くても，科学的に有意味なモデルであるのなら，そのことを主張してモデルを提示するとよい。

〔2〕　**サンプルサイズは大きいか**　　構造方程式モデリングでは，少なくとも 100～200 のサンプルサイズを確保する必要がある[1]。サンプルサイズが小さい場合には，（現在の JASP ではできないが）ベイズ推定法による構造方程式モデリングがよい。

〔3〕　**データは正規性を有するか**　　構造方程式モデリングでは，データが正規性を有するという前提に基づき，推定方法には基本的に最尤法を用いる。

ただし，データが正規性を有さないと判断される場合には，WLS や DWLS を用いる[†]。

●●● 13.2　構造方程式モデリングの実行　●●●

JASP で構造方程式モデリングを実行する方法を説明する。

使用するデータは，R のパッケージ lavaan のサンプルデータである PoliticalDemocracy を用いる（13章データ.csv）。このデータは 11 変数を 75 個分観測したものである。ここでは，**図 13.7** のモデルについて検討する。

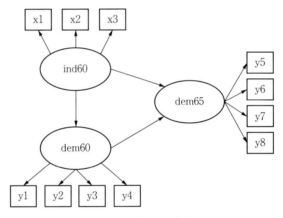

注1)　ind60：1960 年の産業力を表す。
注2)　dem60(65)：1960（1965）年の民主化の程度を表す。
注3)　誤差は省略した。

図 13.7　検討するモデル

[†]　JASP を用いてデータが正規性を有するか否かを判断する方法として，［Descriptives］で（1）尖度（kurtosis）や歪度（skewness）を用いる方法，（2）Shapiro-Wilk 検定を行う方法がある。（1）の場合，尖度が 3，歪度が 0 のときデータは正規分布する。これらの基準値から著しく離れている場合（歪度の場合は絶対値 0.5 以上離れているとき）は正規性を有さないと判断する。（2）の場合，検定の結果が有意であれば，データが正規性を有さないと判断する。

13.2.1 モデルの記述

JASP で構造方程式モデリングを実行するには，R のパッケージ lavaan と同様にモデルを記述しなければならない。モデルの記述方法は**表 13.1** の通りである。

表 13.1　構造方程式モデリングの記述方法

モデル	記 法	解 説
測定方程式	A = ～B + C + D	A（潜在変数）が B～D（観測変数）から測定される。
構造方程式	E～F	E は F から影響を受ける。
相関関係	G～～H	G と H は相関関係にある。

表 13.1 の記述方法に従い，図 13.7 のモデルを記述すると**図 13.8** のようになる。13.1.2 項で説明した通り，測定方程式と構造方程式を区別して記述する必要がある。

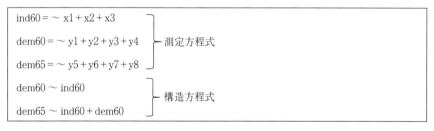

図 13.8　検討するモデルの記述

13.2.2　構造方程式モデリングの実行

〔1〕　**メニューの追加**　　JASP のデフォルトのメニューには，構造方程式モデリングがないため追加する必要がある。**図 13.9** にある "+" を選択し，

図 13.9　メニューの追加

SEM にチェックする。

　〔**2**〕　**分析の実行**　　［SEM］の［Structural Equation Modeling］を選択し，表 13.2 を［Enter lavaan syntax below］に記す（**図 13.10**）。

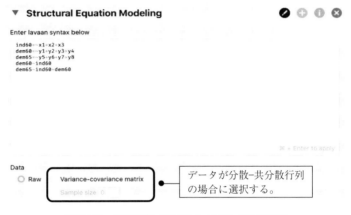

図 13.10　構造方程式モデリングのモデルの記述

　結果を出力する前に，［Statistics］，［Options］，［Advanced］について確認する。［Statistics］は，標準誤差の計算法の選択やデフォルトにはない適合度指標や修正指標，決定係数の出力に係る選択ができる（**図 13.11**）。

● ［Additional fit measures］：追加的な適合度指標の出力する。
● ［Modification indices］：修正指標の出力する。

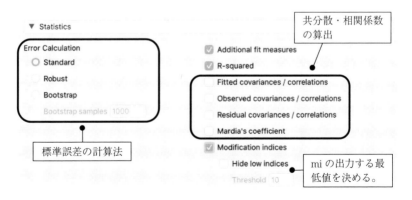

図 13.11　構造方程式モデリングの［Statistics］

- [Options]：多母集団同時分析や推定法，平均構造の導入に係る選択[†]ができる（**図 13.12**）。ここでは，デフォルトを変更しない。

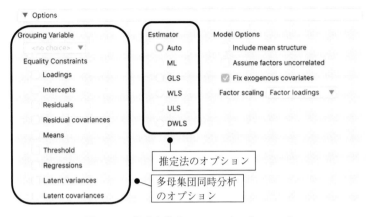

図 13.12　構造方程式モデリングの［Options］

- [Advanced]：パス図の出力や R 以外のプログラムを再現するかに係る選択ができる（**図 13.13**）。ここでは，デフォルトを変更しない。

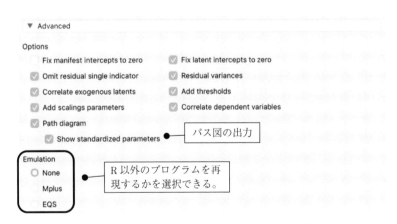

図 13.13　構造方程式モデリングの［Advanced］

　以上を踏まえ，構造方程式モデリングを実施するには，Windows の場合は Ctrl キーと Enter（return）キーを，Mac の場合は command キーと Enter キー

---

† 　本書の範囲を超えるため，これらの説明は行わない。詳細は豊田[2]を参照されたい。

を同時に押せばよい。

〔3〕 **結果の確認**　まず，モデルの適合度を確認する。JASP ではさまざまな適合度が出力されるが，代表的なものをまとめると**図 13.14** のようになる。結果から，カイ 2 乗値と RMSEA の値はよくないが，ほかの指標は軒並み良好な値であると判断できる。

$$\chi^2(41) = 72.462, \quad p = 0.002, \quad \text{CFI} = 0.953, \quad \text{TLI} = 0.938,$$
$$\text{RMSEA} = 0.101 \; [90\%\text{CI} : 0.061, \; 0.139], \quad \text{SRMR} = 0.055$$

図 13.14　適合度の結果

つぎに，パス係数の推定値を確認する。分析の結果，**図 13.15** のような結果が出力される。

Parameter Estimates

			label	est	se	z	p	CI (lower)	CI (upper)	std (lv)	std (all)
ind60	=~	x1		1.000	0.000			1.000	1.000	0.669	0.920
ind60	=~	x2		2.182	0.139	15.714	< .001	1.910	2.454	1.461	0.973
ind60	=~	x3		1.819	0.152	11.956	< .001	1.521	2.117	1.218	0.872
dem60	=~	y1		1.000	0.000			1.000	1.000	2.201	0.845
dem60	=~	y2		1.354	0.175	7.755	< .001	1.012	1.696	2.980	0.760
dem60	=~	y3		1.044	0.150	6.961	< .001	0.750	1.338	2.298	0.705
dem60	=~	y4		1.300	0.138	9.412	< .001	1.029	1.570	2.860	0.860
dem65	=~	y5		1.000	0.000			1.000	1.000	2.084	0.803
dem65	=~	y6		1.258	0.164	7.651	< .001	0.936	1.581	2.623	0.783
dem65	=~	y7		1.282	0.158	8.137	< .001	0.974	1.591	2.673	0.819
dem65	=~	y8		1.310	0.154	8.529	< .001	1.009	1.611	2.730	0.847
dem60	~	ind60		1.474	0.392	3.763	< .001	0.706	2.241	0.448	0.448
dem65	~	ind60		0.453	0.220	2.064	0.039	0.023	0.884	0.146	0.146
dem65	~	dem60		0.864	0.113	7.671	< .001	0.644	1.085	0.913	0.913
x1	~~	x1		0.082	0.020	4.180	< .001	0.043	0.120	0.082	0.154
x2	~~	x2		0.118	0.070	1.689	0.091	−0.019	0.256	0.118	0.053
x3	~~	x3		0.467	0.090	5.174	< .001	0.290	0.644	0.467	0.240
y1	~~	y1		1.942	0.395	4.910	< .001	1.167	2.717	1.942	0.286
y2	~~	y2		6.490	1.185	5.479	< .001	4.168	8.811	6.490	0.422
y3	~~	y3		5.340	0.943	5.662	< .001	3.491	7.188	5.340	0.503
y4	~~	y4		2.887	0.610	4.731	< .001	1.691	4.083	2.887	0.261
y5	~~	y5		2.390	0.447	5.351	< .001	1.515	3.266	2.390	0.355
y6	~~	y6		4.343	0.796	5.456	< .001	2.783	5.903	4.343	0.387
y7	~~	y7		3.510	0.668	5.252	< .001	2.200	4.819	3.510	0.329
y8	~~	y8		2.940	0.586	5.019	< .001	1.792	4.089	2.940	0.283
ind60	~~	ind60		0.448	0.087	5.169	< .001	0.278	0.618	1.000	1.000
dem60	~~	dem60		3.872	0.893	4.338	< .001	2.122	5.621	0.799	0.799
dem65	~~	dem65		0.115	0.200	0.575	0.565	−0.277	0.507	0.026	0.026

図 13.15　パス係数の結果

測定方程式について，すべてのパスが有意であるため図 13.7 の想定通りで問題ないと判断できる。構造方程式について，すべてのパスが 5% 水準で有意

であるため図13.15の想定通りで問題ないと判断できる。そのため，ind60は
dem60とdem65に，dem60はdem65に正の影響を与えると考える。

　なお，図13.7に出力された結果について，std(lv)は潜在変数の分散を1
に，std(all)とstd(nox)は潜在変数と観測変数の分散を1に設定したときの
標準化されたパス係数である。そのため，dem65に対するind60とdem60の
std(all)の値がそれぞれ0.146，0.913であるから，dem60の方がdem65に与
える影響は大きいと判断できる。

　〔4〕　**モデルの修正**　　修正指標miが5以上の項目を抽出すると，**図
13.16**のようになる。ここでは，y6～～y8とy1～～y3が先行研究や理論と説
明可能または矛盾しないとしたうえで，モデルに追加する。

Modification Indices

			mi	epc	sepc (lv)	sepc (all)	sepc (nox)
y2	~~	y6	9.279	2.129	2.129	0.401	0.401
y6	~~	y8	8.668	1.513	1.513	0.423	0.423
y1	~~	y5	8.183	0.884	0.884	0.410	0.410
y3	~~	y6	6.574	-1.590	-1.590	-0.330	-0.330
y1	~~	y3	5.204	1.024	1.024	0.318	0.318

図13.16　修正指標の結果

　〔5〕　**再分析の実行**　　図13.16の結果を踏まえ，**図13.17**のように記述
し，再分析を実行する。すると，**図13.18**と**図13.19**のような結果が出力され
る。

　表13.4の結果について，表13.3の結果と比較すると，RMSEAの値が改善

---

ind60 = ~ x1 + x2 + x3

dem60 = ~ y1 + y2 + y3 + y4

dem65 = ~ y5 + y6 + y7 + y8

dem60 ~ ind60

dem65 ~ ind60 + dem60

y1 ~~ y3　⎫
　　　　　⎬ 修正指標に基づくモデルの修正（追加部分）
y6 ~~ y8　⎭

図13.17　再分析に用いるモデルの記述

$$x^2(39) = 60.371, \quad p = 0.016, \quad \mathrm{CFI} = 0.968, \quad \mathrm{TLI} = 0.955,$$
$$\mathrm{RMSEA} = 0.085[90\%\mathrm{CI}：0.038,\ 0.126], \quad \mathrm{SRMR} = 0.051$$

図 13.18　再分析による適合度の結果

Parameter Estimates

			label	est	se	z	p	CI (lower)	CI (upper)	std (lv)	std (all)
ind60	=~	x1		1.000	0.000			1.000	1.000	0.670	0.920
ind60	=~	x2		2.180	0.139	15.738	< .001	1.909	2.452	1.460	0.973
ind60	=~	x3		1.818	0.152	11.962	< .001	1.520	2.116	1.217	0.872
dem60	=~	y1		1.000	0.000			1.000	1.000	2.180	0.837
dem60	=~	y2		1.364	0.179	7.621	< .001	1.013	1.715	2.973	0.758
dem60	=~	y3		1.031	0.135	7.619	< .001	0.766	1.296	2.248	0.690
dem60	=~	y4		1.308	0.142	9.183	< .001	1.029	1.588	2.853	0.857
dem65	=~	y5		1.000	0.000			1.000	1.000	2.102	0.810
dem65	=~	y6		1.210	0.163	7.408	< .001	0.890	1.530	2.543	0.759
dem65	=~	y7		1.258	0.155	8.131	< .001	0.955	1.562	2.645	0.810
dem65	=~	y8		1.264	0.152	8.321	< .001	0.966	1.562	2.657	0.824
dem60	~	ind60		1.474	0.391	3.769	< .001	0.707	2.240	0.453	0.453
dem65	~	ind60		0.480	0.228	2.110	0.035	0.034	0.926	0.153	0.153
dem65	~	dem60		0.894	0.116	7.705	< .001	0.667	1.122	0.928	0.928
y6	~~	y8		1.382	0.585	2.362	0.018	0.235	2.529	1.382	0.347
y1	~~	y3		0.860	0.483	1.781	0.075	−0.086	1.806	0.860	0.256
x1	~~	x1		0.081	0.020	4.175	< .001	0.043	0.120	0.081	0.154
x2	~~	x2		0.120	0.070	1.711	0.087	−0.017	0.257	0.120	0.053
x3	~~	x3		0.467	0.090	5.177	< .001	0.290	0.644	0.467	0.240
y1	~~	y1		2.033	0.416	4.884	< .001	1.217	2.849	2.033	0.300
y2	~~	y2		6.531	1.197	5.458	< .001	4.186	8.876	6.531	0.425
y3	~~	y3		5.568	0.993	5.606	< .001	3.621	7.514	5.568	0.524
y4	~~	y4		2.931	0.627	4.671	< .001	1.701	4.161	2.931	0.265
y5	~~	y5		2.316	0.439	5.273	< .001	1.455	3.177	2.316	0.344
y6	~~	y6		4.759	0.870	5.472	< .001	3.055	6.464	4.759	0.424
y7	~~	y7		3.660	0.694	5.271	< .001	2.299	5.021	3.660	0.343
y8	~~	y8		3.335	0.652	5.114	< .001	2.057	4.613	3.335	0.321
ind60	~~	ind60		0.449	0.087	5.173	< .001	0.279	0.618	1.000	1.000
dem60	~~	dem60		3.779	0.890	4.246	< .001	2.035	5.524	0.795	0.795
dem65	~~	dem65		−0.055	0.223	−0.245	0.807	−0.491	0.382	−0.012	−0.012

図 13.19　再分析によるパス係数の結果

され，カイ2乗値以外の指標は軒並み良好な値であると判断できる。そのた
め，このモデルの結果を結果として報告する†。図 13.19 の結果について，図
13.15 の値とは変化が認められるものの，傾向自体はほとんど変わっていない
ことがわかる。

13.2.3　結果の書き方

構造方程式モデリングの結果で示すべきものは，つぎの通りである。

---

†　状況によっては，さらに修正指標に基づき再々分析を行うこともある。

1） 構築したモデルの説明（仮説）

2） 用いた推定法と適合度指標

3） パス係数（標準化されていない値・いる値）を記した表やパス

結果の報告例

産業力と民主化の程度の関連を検討するにあたり，つぎの仮説を立てた。

① 1960年の産業力が1960年および1965年の民主化の程度に正の影響を及ぼす。

② 1960年の民主化の程度は1965年の民主化の程度に正の影響を及ぼす。

仮説①と②を検証するために，専門家75名が評定したデータを構造方程式モデリング（最尤法）により検討した。その結果，モデルの適合度は CFI = .95，TLI = .94，RMSEA = .10；90％CI[.06, .14]，SRMR = .06 であり，RMSEA の値が悪い値であった。そこで，修正指標を参考にして，y1 と y3，および y6 と y8 の間に共分散を設定した。その上で，分析を行ったところ，モデルの適合度はCFI = .97，TLI = .96，RMSEA = .09[90％CI：.04, .13]，SRMR = .05 であり，良好な値が得られた。

推定結果を**図13.20**に記す。1960年の産業力は1960年および1965年の民主

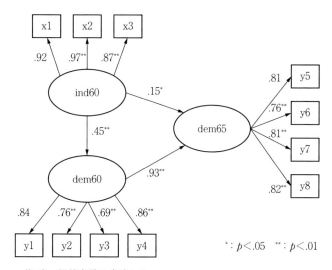

*：p<.05　**：p<.01

注1） 誤差変数は省略した。
注2） ind は産業力，dem は民主化の程度を表す。

図13.20　構造方程式モデリングの結果（標準化推定値）

化の程度と正に関連することが示された（それぞれ, $\beta = 1.47$；95％CI [0.71, 2.24], $p < .01$；$\beta = 0.48$；95％CI[0.03, 0.93], $p < .05$）。そのため, 仮説① は支持されたといえる。また, 1960年の民主化の程度は1965年の民主化の程度と正に関連することが示された（$\beta = 0.89$；95％CI[0.67, 1.12], $p < .01$）。そのため, 仮説② は支持されたといえる。

—— 章 末 問 題 ——

【1】 測定方程式と構造方程式とはなにか説明せよ。

【2】 「13章演習データ.csv」について, 図13.21 の仮説モデルを構造方程式モデリングにより検証し, 結果を報告せよ。

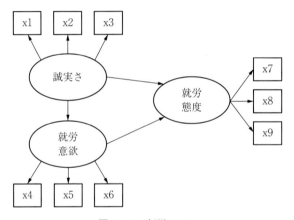

図13.21 仮説モデル

14. 媒介する変数の影響を検討する

変数間の関連を検討する場合，XがYを直接的に予測・説明するだけではなく，XがMという変数を介してYを間接的に予測・説明するということが考えられる。本章では，ある変数を介して間接的に予測・説明できるかを検討する手法である媒介分析について説明する。

キーワード：介分析，直接効果，間接効果，総合効果，デルタ法，ブートストラップ法

●●● 14.1　媒介分析とは ●●●

独立変数Xが従属変数Yを予測・説明することを考える場合，直接的に予測・説明することとなんらかの変数Mを介して間接的に予測・説明することが考えられる。**図14.1**の例のように，先生の教え方の巧さ（独立変数）は子どもの成績（従属変数）を直接的に説明するだけではなく，子どもの理解度を高めることを通して間接的に成績を説明することも考えられる。

このように，独立変数Xと従属変数Yの関係において，なんらかの変数M

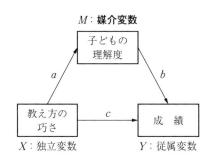

図14.1　媒介モデルの例

を介して間接的に予測・説明することができるかを検討する方法が**媒介分析**（mediation analysis）である。図 14.1 にある子どもの理解度のように，媒介する変数を**媒介変数**（mediator）という。

　図 14.1 について，独立変数が媒介変数に及ぼす影響の大きさを a，媒介変数が従属変数に及ぼす影響の大きさを b，独立変数が従属変数に直接及ぼす影響の大きさを c とする。このとき，$a×b$ を**間接効果**（indirect effect），c を**直接効果**（direct effect），間接効果と直接効果の和を**総合効果**（total effect）という。媒介分析では，間接効果が 0 であるか否かを検定するのである。

　この直接効果の有無により，媒介モデルの名称が異なる。**図 14.2**（a）のように，直接効果が認められない場合を**完全媒介**という。他方，図（b）のように，直接効果が認められる場合を**部分媒介**という。

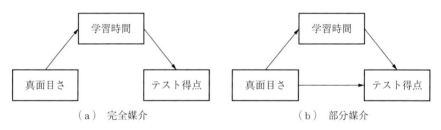

（a）　完全媒介　　　　　　　　（b）　部分媒介

図 14.2　完全媒介と部分媒介

　間接効果の検定方法は大きく**デルタ法**（delta method），**ブートストラップ法**（bootstrapping method），**ベイズ法**の三つに分けられるが，JASP ではデルタ法とブートストラップ法を使用することができる。そこで，以下ではこの二つの検定方法について説明する。

14.1.1　デ ル タ 法

サンプルサイズが大きい場合[†]，間接効果の分布が正規分布に近似できる。このことを利用して，間接効果を検定する方法がデルタ法である。具体的には，間接効果の標準誤差を

---

　†　豊田[1] によると，400 以上である。

$$(\text{間接効果の標準誤差}) = \sqrt{b^2 \times (c \text{ の標準誤差})^2 + c^2 \times (b \text{ の標準誤差})^2}$$

$$(14.1)$$

として計算する。そして，検定統計量 Z 値をつぎの式で計算する[†1]。

$$Z = \frac{\text{間接効果}}{\text{間接効果の標準誤差}}$$

$$(14.2)$$

サンプルサイズが小さい場合，間接効果の分布は正規分布から遠ざかってしまうため，正規分布を仮定したソベル検定は不適当である。そのような場合は，デルタ法ではなく，ブートストラップ法を用いるべきである。

14.1.2　ブートストラップ法

ブートストラップ法では，一つの標本から復元抽出[†2] を B 回繰り返し[†3]，ブートストラップ標本と呼ばれる標本をつくり出す。そして，ブートストラップ標本から間接効果の推定値を B 個算出することで，母集団における間接効果やそのバイアスを推定する。

デルタ法では間接効果の標準誤差を推定したが，ブートストラップ法では間接効果の分布それ自体を B 回のシミュレーションにより導出する。一般的に，ブートストラップ法では $B \geqq 2\,000$，すなわち $2\,000$ 回以上のシミュレーションを行うことが奨励されている（JASP のデフォルトは $1\,000$）。

●●● 14.2　媒介分析の実行 ●●●

本節では JASP で媒介分析を実施する方法を説明する。

使用するデータは，100 名の子どもの真面目さ（earnest）と学習時間（time），テスト得点（test）を測定したものである。ここでは，図 14.2 と同様に，真面目さとテスト得点の関連において，学習時間が媒介変数として意味のある変数かを検討する。なお，有意水準は慣習に従い，5％と設定する。

---

†1　漸近的に正規分布に従うため，絶対値が 1.96 以上であれば 5％水準で有意となる。
†2　一度抽出したサンプルが再度抽出の対象となる方法である。例えば，引いたくじをもとに戻すくじ引きは復元抽出の一例である。
†3　リサンプリングという。

サンプルサイズが100であることを踏まえ，今回はブートストラップ法に基づく媒介分析を行う。

14.2.1　媒介分析のメニューの追加

JASPのデフォルトのメニューには，媒介分析がないため追加する必要がある。**図14.3**にある"＋"を選択し，媒介分析が含まれている"SEM"にチェックすればよい。

図14.3　メニューの追加

14.2.2　媒介分析の実行

［SEM］の［Mediation Analysis］を選択し，［Predictors］に独立変数であるearnest，［Mediators］に媒介変数であるtime，［Outcome］に従属変数であるtimeを投入する（**図14.4**）。

JASPのデフォルトでは，デルタ法が設定されているためブートストラップ法に変更する。［Options］でBootstrapにチェックをつけ，［Replications］を2 000に変更する（**図14.5**）。なお，直接・間接・総合効果の標準化された推定値を出力する場合は［Standardized estimates］，媒介変数と従属変数の決定係数を出力する場合は［R-squared］をチェックする。以上の手順で分析を行うと，**図14.6**のような結果が出力される。

図14.6の結果は上から順に直接，間接，総合効果の結果を示している。まず，直接効果の推定値は$B=-0.106$，$p=0.275$であり，有意ではないことがわかる。そのため，真面目さはテストの得点に直接的に影響を与えないと判断する。

図 14.4 媒介分析の分析ウィンドウ

図 14.5 媒介分析の設定

つぎに，間接効果の推定値は $B=0.272$, $p<.001$ であり，0.1％水準で有意であることがわかる。この結果から，真面目さは学習時間を媒介してテストの得点に間接的に正の影響を与えると判断できる。つまり，真面目さが増すことで学習時間が高くなり，その結果テストの得点が高くなるといえる[†]。

そして，総合効果の推定値は $B=0.166$, $p=.037$ であり，5％水準で有意で

[†] このデータは筆者が作成した擬似データであり，実際にあてはまるかは不明であることに注意されたい。

Direct effects ┌─ 直接効果 ─┐

			Estimate	Std. Error	z-value	p	95% Confidence Interval	
							Lower	Upper
earnest	→	test	−0.106	0.097	−1.092	0.275	−0.289	0.121

Note. Delta method standard errors, bias-corrected percentile bootstrap confidence intervals, ML estimator.

Indirect effects ● ┌─ 間接効果 ─┐

					Estimate	Std. Error	z-value	p	95% Confidence Interval	
									Lower	Upper
earnest	→	time	→	test	0.272	0.071	3.828	< .001	0.144	0.431

Note. Delta method standard errors, bias-corrected percentile bootstrap confidence intervals, ML estimator.

Total effects ● ┌─ 総合効果 ─┐

			Estimate	Std. Error	z-value	p	95% Confidence Interval	
							Lower	Upper
earnest	→	test	0.166	0.080	2.081	0.037	−0.005	0.356

Note. Delta method standard errors, bias-corrected percentile bootstrap confidence intervals, ML estimator.

図 14.6　媒介分析の結果（ブートストラップ法）

あることがわかる。この結果から，真面目さはテストの得点に総合的に正の影響を与えると判断できる。以上から，今回の結果は完全媒介であるとわかる。

また，**図 14.7** のように決定係数は学習時間が 0.431，テストの得点が 0.189

R-Squared

	R²
test	0.189
time	0.431

図 14.7　決定係数の結果

である。つまり，真面目さは学習時間の 43.1％，真面目さと学習時間はテストの得点の 18.9％を説明すると判断できる[†]。

なお，真面目さが学習時間に，または学習時間がテストの得点に及ぼす影響を把握したい場合は［Plots］にある［Parameter estimates］にチェックをつけると，**図 14.8** のようなパス図が出力される。ただし，それぞれの標準誤差や 95％信頼区間は出力されない。これらの値を確認するには［Options］にある［Lavaan syntax］にチェックをつけ，得られたコードを R で実行するとよい。

---

†　ただし，決定係数の大きさの解釈は当該領域の先行事例や研究によるべきである。

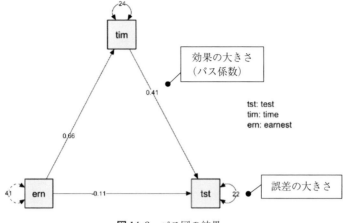

図 14.8　パス図の結果

14.2.3　結果の書き方

媒介分析の結果で示すべきものは，つぎの通りである。

1）　間接効果の推定に用いた方法（ブートストラップ法のときは，β の数も）

2）　直接，間接，総合効果の推定値と標準誤差，95％信頼区間

3）　（必要に応じて）図 14.8 のようなパス図

結果の報告例

　100 人の学生を対象として，真面目さと学習時間を測定したうえで，テストを実施した。真面目さが学習時間を媒介して，テストの得点に及ぼす影響を検討するために媒介分析（ブートストラップ法・リサンプリング数[†]2 000）を行った。

　その結果，真面目さは学習時間を媒介して間接的にテストの得点と正に関連することが示された（$B = 0.27[0.15, 0.43]$，$p < .001$）。また，真面目さは直接的に学習時間に影響を与えないことが示された（$B = -0.11[-0.30, 0.10]$，$p = .28$）。

────── **章　末　問　題** ──────

【1】　媒介分析を行う意図はなにか説明せよ。

【2】　「9 章データ .csv」について，不安が学習意欲を媒介して成績に及ぼす影響を検討せよ。

---

†　B の数のことである。

引用・参考文献

★1章
1) 朝野熙彦：入門 多変量解析の実際，筑摩書房（2018）
2) 小杉考司：言葉と数式で理解する多変量解析入門，北大路書房（2019）
3) 清水優菜，山本　光：研究に役立つ JASP によるデータ分析—頻度論的統計とベイズ統計を用いて—，コロナ社（2020）

★2章
1) 西原史暁：整然データとは何か，情報の科学と技術，**67**(9)，pp. 448-453 (2017)
2) 高井啓二，星野崇宏，野間久史：欠測データの統計科学—医学と社会科学への応用—，岩波書店（2016）

★3章
1) 市川雅教：因子分析（シリーズ行動計量の科学），朝倉書店（2010）
2) 柳井晴夫，繁桝算男，前川眞一，市川雅教：因子分析—その理論と方法—，朝倉書店（1990）
3) 平井明代：教育・心理系研究のためのデータ分析入門［第2版]—理論と実践から学ぶ SPSS 活用法—，東京図書（2017）
4) 堀　啓造：因子分析における因子数決定法—平行分析を中心にして—，香川大学経済論叢，**77**(4)，pp. 35-70 (2005)
5) 柳井晴夫，緒方祐光：改訂新版 SPSS による統計データ解析—医学・看護学・生物学・心理学の例題による統計学入門—，現代数学社（2020）
6) R Documentation fa function
https://www.rdocumentation.org/packages/psych/versions/2.0.9/topics/fa
7) 小杉考司：言葉と数式で理解する多変量解析入門，北大路書房（2019）
8) 山本倫生：因子分析モデルにおける因子回転問題，計算機統計，**32**(1)，pp. 21-44 (2019)
9) R Documentation rotations function
https://www.rdocumentation.org/packages/GPArotation/versions/2014.11-1/topics/rotations
10) 吉田寿夫，石井秀宗，南風原朝和：尺度の作成・使用と妥当性の検討，教育心

理学年報，**51**, pp. 213-217（2012）

11)　R Documentation bfi function
　　https://www.rdocumentation.org/packages/psych/versions/2.0.9/topics/bfi

★4章

1)　星野崇宏，岡田謙介，前田忠彦：構造方程式モデリングにおける適合度指標と
　　モデル改善について―展望とシミュレーション研究による新たな知見―，行動
　　計量学，**32**（2），pp.209-235（2005）

2)　豊田秀樹：共分散構造分析［R編］，東京図書（2014）

3)　竹内理，水本篤：外国語教育研究ハンドブック―研究手法のより良い理解のた
　　めに―，松柏社（2014）

★5章

1)　Messick, S.：Validity of psychological assessment, American Psychologist, **50**,
　　pp. 741-749（1995）

2)　平井明代：教育・心理系研究のためのデータ分析入門［第2版］―理論と実践か
　　ら学ぶ SPSS 活用法―，東京図書（2017）

3)　村山　航：妥当性概念の歴史的変遷と心理測定学的観点からの考察，教育心理
　　学年報，**51**, pp. 118-130（2012）

★6章

1)　永田　靖，棟近雅彦：多変量解析法入門，サイエンス社（2001）

★7章

1)　金森敬文，竹之内高志，村田　昇：パターン認識（Rで学ぶデータサイエンス
　　5），共立出版（2009）

2)　石岡恒憲：x-means 法改良の一提案：k-means 法の逐次繰り返しとクラスター
　　の再併合，計算機統計学，**18**（1），pp. 3-13（2006）

3)　清水優菜，山本　光：研究に役立つ JASP によるデータ分析―頻度論的統計とベ
　　イズ統計を用いて―，コロナ社（2020）

★8章

1)　清水優菜，山本　光：研究に役立つ JASP によるデータ分析―頻度論的統計とベ
　　イズ統計を用いて―，コロナ社（2020）

2)　Goss-Sampson, M. A.：Statistical analysis in JASP：A guide for students（2019）
　　https://static.jasp-stats.org/Statistical%20Analysis%20in%20JASP%20-%20
　　A%20Students%20Guide%20v0.10.2.pdf

3)　栗原伸一：入門統計学―検定から多変量解析・実験計画法まで―，オーム社
　　（2011）

★9章

1)　Aiken, L. S., & West, S. G.：Multiple regression: Testing and interpreting interactions. Sage Publications, Inc.（1991）

★10章

1)　久保拓弥：データ解析のための統計モデリング入門―一般化線形モデル・階層ベイズモデル・MCMC―（確率と情報の科学），朝倉書店（2012）

2)　汪　金芳：一般化線形モデル（統計スタンダード），朝倉書店（2016）

★11章

1)　尾崎幸謙，川端一光，山田剛史：Rで学ぶマルチレベルモデル［入門編］―基本モデルの考え方と分析―，朝倉書店（2018）

★12章

1)　松田紀之：質的情報の多変量解析（統計ライブラリー），朝倉書店（1988）

★13章

1)　竹内　理，水本　篤：外国語教育研究ハンドブック―研究手法のより良い理解のために―，松柏社（2014）

2)　豊田秀樹：共分散構造分析［R編］，東京図書（2014）

★14章

1)　豊田秀樹：共分散構造分析　実践編―構造方程式モデリング―，朝倉書店（2009）

索　　　引

―― 著 者 略 歴 ――

清水 優菜（しみず ゆうの）
2015 年　横浜国立大学教育人間科学部学校教育
　　　　課程卒業
2017 年　横浜国立大学大学院教育学研究科博士
　　　　課程前期修了（教育実践専攻）
2021 年　慶應義塾大学大学院社会学研究科博士
　　　　課程単位取得満期退学
2021 年　兵庫教育大学助教
　　　　現在に至る

山本 光（やまもと こう）
1994 年　横浜国立大学教育学部中学校教員養成
　　　　課程物理学専攻卒業
1996 年　横浜国立大学大学院教育学研究科博士
　　　　課程前期修了（物質科学専攻）
1996 年　株式会社野村総合研究所勤務
2004 年　横浜国立大学大学院環境情報学府博士
　　　　課程後期単位取得満期退学
2011 年　横浜国立大学准教授
2019 年　横浜国立大学教授
　　　　現在に至る

研究に役立つ　**JASP による多変量解析**
― 因子分析から構造方程式モデリングまで ―
Maltivariate Analysis with JASP　　　　　　　© Yuno Shimizu, Ko Yamamoto 2021

2021 年 6 月 23 日　初版第 1 刷発行　　　　　　　　　　　　　　　★
2022 年 9 月 25 日　初版第 2 刷発行

検印省略

著　　者　清　水　優　菜
　　　　　山　本　　　光
発 行 者　株式会社　コ ロ ナ 社
　　　　　代 表 者　牛 来 真 也
印 刷 所　萩 原 印 刷 株 式 会 社
製 本 所　有限会社　愛 千 製 本 所

112-0011　東京都文京区千石 4-46-10
発 行 所　株式会社　コ ロ ナ 社
CORONA PUBLISHING CO., LTD.
Tokyo Japan
振替 00140-8-14844・電話(03)3941-3131(代)
ホームページ https://www.coronasha.co.jp

ISBN 978-4-339-02916-1　C3055　Printed in Japan　　　　　　（松岡）